勇立潮头

中国海油40年辉煌发展之路

本书编写组 著

中国石化出版社

图书在版编目（CIP）数据

勇立潮头：中国海油40年辉煌发展之路 / 本书编写组著. -- 北京：中国石化出版社，2022.8

ISBN 978-7-5114-6766-9

Ⅰ. ①勇… Ⅱ. ①本… Ⅲ. ①海洋石油工业—成就—中国 Ⅳ. ① F426.22

中国版本图书馆CIP数据核字（2022）第141342号

中国石化出版社出版发行

地址：北京市东城区安定门外大街58号

邮编：100011　电话：（010）57512500

发行部电话：（010）57512575

http：//www. sinopec-press. com

E-mail：press@ sinopec. com

北京柏力行彩印有限公司印刷

全国各地新华书店经销

*

710×1000毫米 16开本 17.75印张 215千字

2022年8月第1版　2022年8月第1次印刷

定价：66.00元

编委会

序言

PREFACE

历史，总是给人们以汲取智慧、继续前行的力量。

站在第二个百年奋斗目标新征程上，我们迎来了中国海油成立40周年。作为中国改革开放大潮中诞生的工业特行，中国海油奋战大海、勇立潮头、劈波斩浪40载，已经成长为油气主业突出、产业链完整、规模实力较强的国际化综合能源公司。

40年逐梦兴海强国，一代代海洋石油人始终高唱“我为祖国献石油”的主旋律，勇于战天斗浪，锐意拼搏进取，用热血和激情铸就了一个个高光时刻和硬核成就，让中国海油的发展广度和厚度突破了时间长度和跨度——

这是能源报国、贡献卓著的40年。我们积极推动“三大跨越”，公司油气年产量从9万吨增长至超过1亿吨，累计供应油气当量超13亿吨，保障国家能源安全“主力军”地位更加稳固。

这是奋楫争先、激情创业的40年。我们坚持自力更生与对外合作并举，在一穷二白的基础上建起完整的海洋石油工业体系，公司累计实现利润总额和上缴利税费均超万亿元，国民经济稳增长“压舱石”作用更加凸显。

这是锐意改革、求新求变的40年。我们坚持以改革创新促发展，从20世纪80年代破除“大而全”，到90年代完成“三条线”分离改革，再到21世纪初推动油公司和专业公司上市，深化国企改革“探路者”标识更加鲜明。

这是心无旁骛、矢志一流的40年。我们锚定国际一流能源公司发展目标不松劲，一茬接着一茬干，公司连续17年在国资委业绩考核中获评“A”级，央企高质量发展“排头兵”地位更加突出。

这是一心向党、强根固魂的40年。我们始终坚持党的领导、加强党的建设，从早期实施“五五一工程”，到推进融合深化工程，党建引领保障企业发展的“主引擎”作用更加彰显。

40年的发展积淀，让我们在发展面临的世情、国情、行情发生重大变化时，不为不确定性不稳定性所困扰，不被风险挑战所打倒，始终保持“乱云飞渡仍从容”的定力。

我们“不惑”于心。面对世界百年未有之大变局和中华民族伟大复兴战略全局，始终坚持党的领导、加强党的建设，听党话、跟党走，心怀“国之大者”，永葆在“经济领域为党工作”的政治底色，坚定“我为祖国献石油”的初心使命，实现为党分忧、为党尽职的政治追求。

我们“不惑”于行。面对能源行业绿色低碳发展和能源结构逐步调整转型大势，矢志不渝能源报国，在聚焦油气主业基础上加快培育新增长点，努力打造主业突出、产业结构布局合理、一体化协同效应充分发挥的产业链集群，不断满足人民群众对绿色清洁能源的需要，着力回答好时代之问、人民之问、实践之问。

我们“不惑”于新。面对市场环境和行业驱动要素发生的深刻变化，始终把握新发展阶段，贯彻新发展理念，构建新发展格局，坚定不移推动企业质量变革、效率变革、动力变革，着力推动技术、管理和商业模式创新，加快数字化转型、智能化发展步伐，不断形成高质量发展新优势，支撑保障公司长期健康可持续发展。

回望40年，勇立潮头是推动中国海油这艘巨轮不断驶向新的辉煌的不竭动力。本书以此为主题，从理论、历史、实践三个维度抚今追昔，全方位揭示了中国海油40年辉煌历程背后的成功密码，将40年发展历史凝练浓缩后，透过领导决策者的视角、老一辈海油人的视角、外部媒体的视角，促进中国海油在继续前行中汲取智慧和力量。

凡是过往，皆为序章。40年前，我们勇立改革开放潮头，不仅推动了一个企业的成功崛起，用40年走过了西方先进石油公司的百年道路，更带动了一个行业的快速发展，使我国海洋石油工业实现从无到有、从小到大、从弱到强的跨越式发展。

40年后的今天，中国海油依然要勇立时代潮头，胸怀大局，着眼大事，把握大势，在蓝色国土上奋楫扬帆，乘风破浪。我们将始终坚持以习近平新时代中国特色社会主义思想为指引，锚定“1534”总体发展思路，实施“三大工程、一个行动”，聚焦“四个中心、一个排头兵”，在建设能源强国、海洋强国的新征程上谱写新篇章！

中国海洋石油集团有限公司党组书记、董事长 汪东进

2022年7月

目录

CONTENTS

理论篇

历史篇

实践篇

理论篇

在新征程上谱写能源报国新篇章

——中国海洋石油40年发展成就及经验启示

中国海洋石油集团有限公司党组

中国海洋石油集团有限公司（简称中国海油）自1982年成立以来，已经走过40年不平凡发展历程。40年逐梦兴海强国，一代代海洋石油人始终高扬“我为祖国献石油”的主旋律，在中国海上谱写了一曲壮丽的蓝色史诗，推动我国海洋石油工业实现了从小到大、从弱到强的跨越式发展，有力保障了国家油气安全稳定供应，为经济社会发展作出了重要贡献。

中国海油40年发展取得历史性成就

中国海油的40年是跨越式、高质量发展的40年。40年来，中国海油从对外合作起步，在改革开放中发展壮大，成功实现了从上游到下游、从浅海到深海、从国内到国外的三大跨越，成为油气主业突出、产业链完整、规模实力较强的国际化综合能源公司，连续17年在中央企业负责人经营业绩考核中获评“A”级，在普氏“全球能源企业250强”排名第9位，走出了一条具有中国海油特色的科学发展道路。

高效建成了多个国家级海洋油气生产基地。40年来，中国海油忠实履行能源报国职责使命，全力加大海洋油气资源勘探开发力度，推动我国油气供应格局实现了从“以陆地为主”向“陆海统筹、海陆并重”转变。油气资源基础稳步扩大，先后在中国近海探明10余个亿吨级大油田和千亿方大气田，获得200多个油气发现，探明油气地质储量超70亿吨油当量。油气产量供应不断攀升，公司油气年产量从成立之初的9万吨迅速增长，2010年国内海域建成5000万吨“海上大庆”，2015年公司油气总产量首次突破亿吨级并持续保持稳产，40年来累计供应油气近15亿吨油当量。特别是近年来公司认真贯彻落实党中央、国务院决策部署，大力实施增储上产“七年行动计划”，过去三年国内原油增产量在全国总增量中的占比超过70%。油气生产基地建设成就显著，渤海油田建成我国第一大原油生产基地，南海东部油田连续26年油气产量超千万方油当量，南海西部油田累计生产油气超2亿吨油当量，三大油田均跻身全国十大油田行列。

引领开创了我国石油工业对外合作发展新模式。40年来，中国海油紧跟国家发展步伐，勇当改革开放探路者，成为我国海上对外合作的特区和改革开放的窗口。开启海洋石油对外合作开采先河，先后与81家国际石油公司签订200多个对外合作石油合同，引进外资超2500亿元，海洋石油长期位居我国吸引外资最多的行业之列。加快构建全方位对外合作总体格局，与合作伙伴携手建成了我国最大中外合资石化项目中海壳牌、我国首座LNG（液化天然气）接收站广东大鹏LNG，完成了多个海外油气投资并购项目，日前又与12家国际公司签署了总金额达130多亿美元的战略合作合同，有力推动了新时期海洋石油对外合作事业再上新台阶。

探索走出了独具中国海油特色的国企改革路径。40年来，中国海油认真贯彻党中央深化国资国企改革决策部署，持续深化体制机制改革。以专业化为原则推进重组上市，从20世纪90年代开始，按照“油公司集中统一，专业公司相对独立，基地系统逐步分离”的“三条线”改革思路推进专业化重组，先后完成5家子企业重组上市，逐步构建起以油公司为核心、专业公司协同发展的现代石油公司体制。以市场化为导向激活发展要素，20世纪80年代率先引进招投标机制、合同管理等现代管理模式，进入新世纪又实施多轮流程再造和机构重组，深化薪酬与用工制度改革，推进全员定岗定编、竞聘上岗，企业发展活力持续得到有效激发。以三年行动为抓手全面深化改革，深入实施国企改革三年行动，动真碰硬推进集团管控模式改革、三项制度改革、科技体制改革，一体推进对标世界一流管理提升行动，集团成功入选国有企业公司治理示范企业。

成功打造了一体化、多元化、全球化的现代能源产业链。40年来，中国海油始终坚持战略引领，着力打造上下游、国内外、产贸融一体化深度协同的现代能源产业链。形成了体系化的发展战略，从20世纪80年代全面开展上游油气领域对外合作，到90年代提出“开拓下游、发展海外”战略，到21世纪锚定建设中国特色国际一流能源公司目标，设计“两步走”路径、提出“1534”总体发展思路，持续为公司高质量发展提供科学指引。建成了一体化的产业集群，战略性布局液化天然气（LNG）产业、炼化产业和非常规油气业务，形成了3400万吨/年LNG供应能力、5000万吨/年炼油能力、1400万方/日煤层气生产能力，成为全球第二大LNG贸易商和国内第一大煤层气生产企业。化肥生产能力位居央企第一，在端好“能源饭碗”和“粮食饭碗”上同步展现担当作为。构建了全球化的业务布局，公司海外业务遍及全球40多个国家和地区，跨国指数位居中国石油企业榜首。

有力推动了经济社会繁荣发展和民生福祉改进。40年来，中国海油始终牢记“在经济领域为党工作”的崇高使命，充分发挥了国资央企在国民经济中的“稳定器”“压舱石”作用。企业综合实力大幅提升，公司资产总额从28亿元增长至1.33万亿元，累计实现利润总额超1.3万亿元，上缴利税费超1.5万亿元；经营质量指标稳居央企前列，2021年归属母公司净利润位居央企第四位。产业带动能力明显增强，持续深化与国内海工装备建造商的合作，有力推动了我国海洋工程、装备制造及原材料等相关行业发展。改善民生福祉卓有成效，助力对口帮扶的6个县市提前实现脱贫摘帽，公司连续4年在中央单位定点帮扶工作考核中获得最高等级“好”的评价，5次获得中华慈善奖。

掌握突破了系列具有自主知识产权的关键核心技术。40年来，中国海油逐步探索走出一条从引进、消化、吸收、集成创新到自主创新的科技创新道路。攻克了旋转导向与随钻测井、优快钻井、海上浮托安装、超大型LNG储罐等关键核心技术，在局部领域实现了从跟跑、并跑到领跑的历史转变。打造了以“海洋石油981”等深水舰队为代表的一系列大国重器，具备了全水域、全水深自主勘探开发海洋石油的作业能力，特别是2021年“深海一号”超深水大气田成功投产，打破了深海勘探开发技术只掌握在少数几个西方国家手中的垄断格局，标志着我国海洋石油勘探开发能力实现了向1500米超深水的重大历史性跨越。

培养造就了一支专业化高素质的干部人才队伍。40年来，中国海油积极践行人才兴企战略，坚持精干高效的用人政策和高素质专业化的用人导向，通过实施“213”重点人才工程和“3+1”干部人才工程，队伍能力素质明显提升。公司已有300人次荣获国家级科技人才称号或奖项，获得本科及以上学历、中级以上职称的员工占比均超过60%，人工效率效益等关键指标位居央企前列。

推动形成了党建引领保障高质量发展的工作格局。40年来，中国海油先后开展了“五五一工程”“三争三创”等系列特色党建活动，努力把国有企业政治优势转化为发展优势。特别是党的十八大以来，深入学习贯彻全国国有企业党的建设工作会议精神，大力推进党建与生产经营改革发展融合深化工程，探索构建“一头两翼”监督工作格局，扎实开展“支部达标”活动，开创了公司党建工作新局面。紧密结合海洋石油实践传承弘扬石油精神，铸就了“爱国、担当、奋斗、创新”的海油精神和“碧海丹心、能源报国”的海油文化，公司先后涌现出“抢险英雄”李纪扎、“焊接国手”刘桂芝、“海上铁人”郝振山、央企楷模“深海一号”项目组等一大批先进典型，引领激励着一代代海洋石油人不断开拓进取。

中国海油40年发展的经验启示

40年奋斗矢志不渝，中国海油不仅创造了令人瞩目的发展成就，也积累了宝贵经验和重要启示。

必须坚持党的领导，把牢前进方向。中国海油是在党中央深切关怀下成长起来的大型能源骨干企业，从1982年国务院颁布《中华人民共和国对外合作开采海洋石油资源条例》，到党和国家领导人对“深海一号”超深水大气田投产作出重要指示，公司走过的每个关键历史节点都离不开党的坚强领导。40年来，一代代海洋石油人坚定不移听党话、跟党走，确保了各项事业始终沿着正确方向前进。新征程上，必须继续坚定不移把坚持党的领导、加强党的建设作为兴企强企的根本政治前提，永葆“在经济领域为党工作”的政治底色，奋力实现为党分忧、为国尽责、为民奉献的政治追求。

必须顺应时代大势，服务国家战略。中国海油自诞生之日起就肩负着开发蓝色国土、保障国家能源安全的重要职责，40年来始终坚持与时代同步伐、与祖国共命运，在贯彻党和国家扩大对外开放、建设海洋强国等重大战略部署中当好“奋斗者”和“答卷人”。新征程上，必须继续坚定不移把实现国家富强和民族复兴作为兴企强企的根本使命任务，紧贴国家重大战略需求，回答好时代之问、人民之问、实践之问。

必须坚持开放发展，追求合作共赢。中国海油40年的改革发展史，也是一部敞开胸襟拥抱世界、义利相兼谋求共赢的对外合作史。开放合作不仅给中国海油带来了宝贵的资源要素、市场机遇和先进的科学技术、经营理念，也较早培育了公司的国际眼界和市场基因。新征程上，必须继续坚定不移把坚持开放合作、寻求互利共赢作为兴企强企的基本条件，坚持高水平引进来和高质量走出去相结合，推动各领域对外合作向更大范围、更宽领域、更深层次迈进。

必须深化改革创新，走出中国道路。中国海油肩负着我国海洋石油工业改革开放的历史使命，40年来，一代代海洋石油人凭着一股“路由自己找”“敢为天下先”的拼劲和闯劲，逐步探索走出一条既与市场化国际化接轨，又适合中国国情和海油实际的科学发展道路。新征程上，必须继续坚定不移把全面深化改革、推动创新发展作为兴企强企的必由之路，以推动质量变革、效率变革、动力变革巩固发展新优势。

必须坚持稳健经营，守牢安全底线。海洋石油工业是高风险高投入行业，40年来，中国海油始终坚持树牢底线思维，追求稳健经营，将依法合规经营作为不可逾越的红线，将安全作为“天字号”工程，努力实现企业本质安全，为公司高质量发展打下了坚实基础。新征程上，必须继续坚定不移把安全稳健发展和风险有效防范作为兴企强企的重要保障，始终坚持稳字当头、稳中求进，筑牢公司高质量可持续发展的安全屏障。

必须弘扬石油精神，倡导人本管理。石油精神是石油工业的精神之火，干部员工干事创业的热情是企业发展的力量之源。40年来，中国海油始终坚持把人才作为第一资源，以大庆精神、铁人精神教育人引导人塑造人，紧紧依靠全体员工的智慧和实践推进公司改革发展。新征程上，必须继续坚定不移把赓续精神血脉、坚持以人为本作为兴企强企的动力源泉，始终对党忠诚、热爱祖国，努力把一切力量都充分调动起来，以实干实绩践行能源报国使命担当。

40年历经风雨砥砺前行，中国海油生产经营改革发展面临的外部环境发生深刻变化。站在新的历史起点上，中国海油将坚持以习近平新时代中国特色社会主义思想为指导，坚决贯彻落实党中央、国务院重大决策部署，大力实施增储上产攻坚工程、科技创新强基工程、绿色发展跨越工程，努力在能源报国新征程上创造更大业绩、争取更大荣光。

（本文刊于《学习时报》2022年4月6日04版）

做中国道路的积极探索者和坚定践行者

中国海洋石油集团有限公司党组

方向决定前途，道路决定命运。党的十九届六中全会概括了具有重大历史意义和现实指导意义的十条历史经验，其中一条就是“坚持中国道路”。一百年来，我们党始终坚持把马克思主义基本原理同中国具体实际相结合、同中华优秀传统文化相结合，始终坚持从我国国情出发，始终坚持独立自主，走出了一条中国特色社会主义的正确道路。

中国海洋石油集团有限公司（简称“中国海油”）自1982年2月15日成立以来，经过40年拼搏奋斗，已发展成为油气主业突出、产业链完整、规模实力较强的国际化综合能源公司。40年来，几代海油人肩负能源报国的职责使命，全力加大海洋油气资源勘探开发力度，海上油气生产已成为我国重要的能源增长极，实现了油气供应格局从“以陆地为主”向“陆海统筹、海陆并重”转变。作为我国首个“海上特区”和全方位对外开放“工业特行”，中国海油40年的奋斗成长史，也是改革开放史的生动缩影，更是中国道路取得成功的生动实践。

中国特色社会主义道路既坚持了科学社会主义基本原则，又根据时代条件赋予其鲜明的中国特色，成功解决了改革和发展问题。40年来，一代代海洋石油人坚定不移听党话、跟党走，始终以党的旗帜为旗帜、以党的方向为方向、以党的意志为意志，确保各项事业沿着正确方向前进。40年来，始终坚持把中国特色社会主义与我国海洋石油工业实际情况相结合。坚持解放思想、实事求是，一切从实际出发，破除条条框框，立足中国特色社会主义制度要求，坚持“有利于国有资本保值增值，有利于提高国有经济竞争力，有利于放大国有资本功能”的原则，以提升企业竞争力为目标；坚持与时俱进、求真务实，不断把企业发展置于市场化、国际化大环境中去思考和推动，根据企业特点，采取符合企业实际的改革措施，充分借鉴国际同行先进经验，大力推进改革。40年来，始终坚持把中国特色社会主义与现代企业制度相结合。中国国有企业植根成长于中国历史文化中，建立现代企业制度的进程，必须立足国情文化，坚持国有资本主体，在借鉴学习西方企业先进技术和管理的过程中，不能照搬照抄。自公司成立以来，中国海油始终瞄准国际一流能源公司目标，按市场化原则管控油公司、技术服务公司、下游公司。

实现中华民族伟大复兴，道路是最根本的问题。40年来，中国海油聚焦主责主业，油气产量供应不断攀升。自成立以来，中国海油累计在中国近海开发建设145个油气田，供应油气近15亿吨油当量。2010年国内海域建成5000万吨“海上大庆油田”，2015年公司油气总产量首次突破亿吨级并持续保持稳产。特别是近年来，公司大力实施增储上产“七年行动计划”，过去三年国内原油增量在全国总增量中的占比超过70%，增储上产“主力军”地位更加凸显。40年来，始终致力于推动国家经济社会繁荣发展。中国海油着力提升发展质量，积极践行经济责任，充分发挥国资央企“稳定器”“压舱石”作用，资产总额从成立之初的28亿元增长至1.33万亿元，净资产从22亿元增长至近8600亿元；累计实现利润总额超1.3万亿元，上缴利税费超1.5万亿元。特别是近年来，公司坚定不移推进降本提质增效，经营业绩不断攀升。40年来，始终坚持以人民为中心，增进人民福祉。认真履行央企社会责任，累计投入扶贫援藏和抗疫救灾资金超20亿元，助力对口帮扶的6个县市提前实现脱贫摘帽。高度重视生态环境保护，大力发展清洁LNG产业；坚持“在开发中保护、在保护中开发”，累计投入上百亿元资金，实施“渤海油田环保升级三年行动计划”等专项行动，着力打造专业环保船队，有效呵护了祖国的碧海蓝天。

改革开放是中国海油的伟大“孕育者”，以对外合作起家的中国海油，成立伊始就是我国“海上特区”和“工业特行”。在发展过程中，中国海油积极开展对外合作，践行“走出去”战略。40年来，始终坚持“引进来”，从合作促进发展到发展引领合作，不断放大国有资本功能。改革开放初期，一没资金、二没技术的海洋石油工业依靠合作促进发展，以合作油田为范本学习西方先进技术和管理经验，掌握了在中国海域自主进行油气勘探开发的能力。40年来，累计引进外资超2500亿元人民币，长期位居我国吸引外资最多的行业之列，截至目前合作油田贡献了我国海洋油气产量接近50%，有力支撑了我国海洋石油工业发展。40年来，始终坚持“走出去”，在共建“一带一路”沿线参与国际能源合作，勇担央企职责使命。自1994年收购马六甲项目开始，中国海油海外投资规模不断扩大、范围不断扩展，海外业务布局和投资结构不断优化。从2005年发起竞购优尼科，到2013年完成尼克森公司重大并购，再到近年来推动海外业务布局向共建“一带一路”沿线国家集中，公司海外资产布局持续优化，业务管控能力明显增强。截至目前，公司海外业务已遍及全球40多个国家和地区，海外资产总额超4700亿元。40年来，始终坚持“敢为人先”，开创了我国石油工业对外合作发展新模式。中国海油始终高举改革开放大旗，以敢为天下先的魄力和勇气，努力在国家全方位扩大开放中扮演好“探路者”角色，成为我国海上对外合作的特区和改革开放的窗口。始终坚持“开放包容、合作共赢”的理念，通过对外合作不仅引入了资金，还引入了先进技术、装备和现代企业管理经验。始终坚持与时俱进，不断丰富拓展对外合作内涵，探索形成了从产品分成合同到技术服务合同、从中外合作到国内中中合作、混改合作等多种合作新模式。

中国海洋石油工业从小到大、从弱到强的发展轨迹，雄辩证明了中国特色社会主义道路是符合中国国情、顺应时代潮流、得到人民群众拥护支持的正确道路，要倍加珍惜、长期坚持。

（本文刊于《经济参考报》2022年4月26日A07版）

为建设海洋强国和能源强国贡献力量

中国海洋石油集团有限公司党组

习近平总书记指出：“经过多年发展，我国海洋事业总体上进入了历史上最好的发展时期。这些成就为我们建设海洋强国打下了坚实基础。”去年底召开的中央经济工作会议强调：“要深入推动能源革命，加快建设能源强国。”中国海洋石油集团有限公司（以下简称中国海油）自1982年成立以来，始终高扬“我为祖国献石油”的主旋律，推动我国海洋石油工业实现了从小到大、从弱到强的跨越式发展。我们要认真总结40年发展经验，接续奋斗，为做强做优做大国有资本和国有企业、建设海洋强国和能源强国作出新的更大贡献。

坚持党的领导是国有企业发展的根本。中国共产党是领导我们事业的核心力量，坚持党的领导是中国人民和中华民族扭转近代以后的历史命运、取得今天这样伟大成就最根本的保证。作为在党中央深切关怀下成长起来的能源央企，中国海油40年的发展史是一部坚定不移听党话、跟党走的成长史。从1982年国家第一次为一个行业经济立法、颁布《中华人民共和国对外合作开采海洋石油资源条例》，到大力支持海洋石油各领域对外合作，再到2021年“深海一号”超深水大气田投产，中国海油走过的每一步发展历程都离不开党的坚强领导。40年来，中国海油坚定不移把坚持党的领导、加强党的建设作为企业的“根”和“魂”，保证党和国家方针政策、重大部署贯彻落实，努力把党的政治优势、组织优势转化为发展优势、竞争优势，发展成为油气主业突出、产业链完整、规模实力较强的国际化综合能源公司。截至目前，已累计在我国海域探获10个亿吨级大油田、5个千亿方大气田，开发建设140多个油气田，供应油气近15亿吨油当量。特别是近年来，我们坚决贯彻落实习近平总书记重要指示精神，坚定不移实施国内油气增储上产“七年行动计划”，过去三年国内原油增产量在全国总增量占比超过70%。实践证明，坚持党的领导，是中国海油发展壮大的根本保证。站在新起点上，中国海油要坚持以习近平新时代中国特色社会主义思想为指导，坚决贯彻落实习近平总书记重要讲话和重要指示批示精神，不折不扣落实党中央、国务院决策部署，以实施增储上产攻坚工程、科技创新强基工程、绿色发展跨越工程为抓手，不断在油气增储上产、关键核心技术攻关、绿色能源转型上取得新进展，推动中国海油发展再上新台阶。

坚持正确方向是国有企业发展的关键。习近平总书记强调，坚持党对国有企业的领导是重大政治原则，必须一以贯之；建立现代企业制度是国有企业改革的方向，也必须一以贯之。40年来特别是党的十八大以来，中国海油紧密结合国情、企情特点，在完善公司治理中大力加强党的领导，充分发挥党组（党委）把方向、管大局、促落实的领导作用，围绕建立中国特色现代企业制度不懈探索，并努力把中国特色现代企业制度优势转化为治理效能，逐步探索构建了一套符合国际通行规则、适应市场竞争需要、具有自身鲜明特点的现代管理模式。从全面开展对外合作到合作自营两条腿走路，从虚心学习国外先进管理经验到兼收并蓄、以我为主推进运营管理模式变革，从吸收利用国外资金到采取合资、并购等多种方式优化完善国内外资产布局，从引进、消化、吸收国际先进技术到自主攻克高端技术，凭着一股“路由自己找”“梦由自己筑”的拼劲和闯劲，挺起民族海洋石油工业脊梁。得益于脚踏实地的探索和实践，公司经营效益屡创历史新高，连续17年在中央企业负责人经营业绩考核中获评“A”级。实践证明，只有牢牢把握建立中国特色现代企业制度这个正确方向，发展才有光明前途。我们要坚持“两个一以贯之”，锚定建设中国特色国际一流能源公司目标，持续完善中国特色现代企业制度，努力实现高质量发展。

坚持开拓创新是国有企业发展的法宝。越是伟大的事业，越充满艰难险阻，越需要艰苦奋斗，越需要开拓创新。40年来，作为伴随改革开放而兴的国家能源企业，中国海油责无旁贷扛起我国海洋石油工业领域改革开放“探路者”、科技创新“排头兵”的重任，顺应时代潮流，服务国家战略，在开拓创新中高效建成了多个国家级海洋油气生产基地，公司三个油田跻身全国十大油田行列，渤海油田建成我国第一大原油生产基地。进入新时代，我们坚持把创新作为引领发展的第一动力，成功打造一体化、多元化、全球化的现代能源产业链，成为全球第二大液化天然气贸易商和国内第一大煤层气生产企业。掌握突破了一大批具有自主知识产权的关键核心技术，形成近海油气勘探开发全套技术能力，带动我国海洋工程高端制造业实现快速发展。“深海一号”超深水大气田成功投产，实现3项世界级创新、攻克13项关键设备国产化难题，关键设备国产化率达到80%，标志着我国海洋石油工业实现了向1500米超深水迈进的历史性跨越。实践证明，只有坚持开拓创新，才能永葆推动事业发展的充沛活力和强劲动力。我们要始终把开拓创新作为企业长久发展的制胜法宝，准确识变、科学应变、主动求变，在蓝色国土上奋进新征程、建功新时代。

（本文刊于《人民日报》2022年4月27日09版）

海油四十
开拓创新潮头立

中国海洋石油集团有限公司党组

创新是一个国家、一个民族发展进步的不竭动力。党的十九届六中全会将“坚持开拓创新”作为党百年奋斗的历史经验之一，明确要求“必须倍加珍惜、长期坚持，并在新时代实践中不断丰富和发展”。中国海洋石油集团有限公司（简称中国海油）自1982年成立以来，在党的领导下已经走过了40年发展历程。作为我国首个“海上特区”和首个全方位对外开放的“工业特行”，中国海油的发展史就是一部开拓创新史，生动诠释和有力印证了坚持开拓创新这一党的百年奋斗经验。

中国海油40年发展史生动诠释了坚持开拓创新的深刻内涵

作为我国工业行业对外合作的“探路者”和“排头兵”，中国海油40年来以敢闯敢试、敢为人先的精神，奋力开拓、锐意进取，为保障国家能源安全、建设海洋强国作出了重大贡献，生动诠释了坚持开拓创新的深刻内涵。

艰苦奋斗、不怕困难，是坚持开拓创新的前提。越是伟大的事业，越充满艰难险阻，越需要艰苦奋斗，越需要开拓创新。海洋石油工业发展初期，海洋石油的开拓者们在技术落后、人才匮乏、资金短缺、装备不足的困难条件下，努力克服“旱鸭子下水”“土法上马”“两个浮筒”起家的艰难，驾着小渔船出海搞地震勘探，人拉肩扛搭建简陋平台，用手扒冰给破冰船开路……以实际行动彰显了“没有条件创造条件也要上”的精神品质，凭借艰苦奋斗、不怕困难的顽强意志，为国家贡献了4000万吨的地质储量、9万吨的原油年产量，揭开了海洋石油工业的发展序幕。

奋力开拓、锐意进取，是坚持开拓创新的内涵。40年来，中国海油不断突破自我，在蓝色国土上奋力开拓，在油气上产中锐意进取，实现了从浅水到深水、从国内到海外、从上游到中下游的多次历史性跨越。2010年建成“海上大庆”，2021年建成我国最大原油生产基地，成为我国原油增产的主力军；从与外方合作开发我国首个深水气田荔湾3-1，到自主开发我国首个超深水大气田“深海一号”；从完成我国企业最大海外并购案，到践行“一带一路”倡议，海外业务遍布全球6大洲40多个国家和地区；从开创中国LNG产业先河到建成炼化一体化产业基地，成功打造了一体化、多元化、全球化的现代能源产业链。

敢闯敢试、敢为人先，是坚持开拓创新的本质。40年来，中国海油敢闯禁区、敢涉险滩，将敢为天下先的开拓精神刻入成长基因。发展初期，海油先辈率先走出国门到发达国家取经，推动国家作出海洋石油对外合作的重大决策；公司成立第二天，发布海洋石油对外合作第一轮国际招标，推动海洋石油勘探开发取得突破性进展；20世纪90年代，率先向国企“大企业病”开刀，最早打破“大锅饭”，最早杜绝“近亲繁殖”，最早实行全员聘用制，开创并走出了一条独具特色的精干高效之路。

学习借鉴、永不僵化，是坚持开拓创新的保障。40年来，中国海油始终坚持向国际先进学习，但决不亦步亦趋，在吸收借鉴的基础上实现自主创新，和国际一流公司并肩屹立于世界潮头。从组建合营公司、反承包、平行作业，到建成以绥中36-1为代表的一批自营油田；从向外方学习科学理念，到创造让外方赞叹不已的优快钻井奇迹；从国际招标以资源换取合作，到跨国进行油气资产收购；从接受外方的管理，到担任作业者并走出去担当管理者……中国海油40年走过了西方先进石油公司的百年道路，实现了从“引进来”“跟着干”到“并肩走”“领着跑”的工业发展奇迹。

坚持开拓创新是中国海油40年实现跨越式发展的不竭动力

40年来，在党的领导下，海洋石油人披荆斩棘、上下求索，不断推进理念、制度、科技、文化等全方位创新，推动我国海洋石油工业实现了从无到有、从小到大、从弱到强的跨越式发展。

坚持理念创新，推动中国海油不断突破传统思维方式，率先与国际接轨。思想是行动的先导，开拓创新首先在于思想破冰。通过持续深化对外合作，中国海油不断冲破传统思维方式，合作契约观念逐步形成，效率效益观念持续深化，市场竞争观念日益增强，经营管理观念不断转变。20世纪90年代，中国海油大刀阔斧开启了以石油公司为主体、专业公司相对独立、服务系统逐步分离的“三条线”改革，探索出一条适合中国国情、具有海油特色的国家石油公司管理新模式。在思想不断解放、观念不断转变过程中，逐步建立石油公司合作创新模式，推动石油公司和专业公司完成境内外上市，向着中国特色国际一流能源公司不断迈进。

坚持制度创新，推动中国海油不断破除制约发展的藩篱，逐步建立现代企业制度。制度创新是改革发展的红利之源。中国海油坚持以市场为导向，着力破除固化的制度藩篱和阻碍生产力发展的体制机制。从20世纪90年代开始，逐步探索推进既与社会主义市场经济相适应，又符合国际石油公司惯例的三项制度改革，建立了一套精干高效的市场化、国际化用人机制。从创新构建国际化石油公司运营管理体系到深入推进海外业务优化整合，从全面深化科技体制机制改革到创新推进中国特色现代国有企业制度建立，一系列大胆超前的制度改革和创新，推动中国海油连续17年获得国资委考核评定“A”级，成为获此殊荣的8家央企之一。

坚持科技创新，推动中国海油不断攻克关键核心技术，构建了完整的海洋石油工业体系。科技创新是第一生产力，技术上有了根本性创新，企业的发展才具备可持续性。40年来，中国海油聚焦海洋油气开发重大瓶颈加强攻关，逐步探索出一条从引进、消化、吸收、集成创新到自主创新的科技发展道路，形成了以旋转导向与随钻测井技术、海上浮托安装技术、超大型LNG储罐技术等为核心的技术体系，打造了以“海洋石油981”为旗舰的“深水舰队”，具备了从勘探到开发、从深水到超深水、从南海到极地的全方位作业能力，推动我国海洋石油工业实现高水平科技自立自强。特别是“深海一号”大气田实现3项世界级创新、应用13项国内首创技术，标志着我国海洋石油工业实现了向1500米超深水的历史性跨越，推动我国深海油气资源开发能力跃居世界前列。

坚持文化创新，推动中国海油不断丰富海油精神底蕴，凝聚全体员工奋进力量。文化创新是社会实践发展的必然要求，是企业发展的内在动力。40年来，中国海油大力弘扬以“苦干实干、三老四严”为核心的石油精神，努力推动石油工业优良传统创造性转化、创新性发展，以石油精神和海油精神强根固本、立心铸魂。从“两个浮筒”起家时为国担当、为党分忧的爱国情怀，到海上油气对外合作时开放包容、合作双赢的胸怀格局，再到走向海外时追求卓越、勇争一流的精神品质，中国海油在40年发展实践中不断积聚特色精神文化元素，锻造了以“爱国、担当、奋斗、创新”为核心的海油精神，熔铸了以“碧海丹心、能源报国”为内核的海油文化，形成了既葆有国有企业和石油行业精神内涵，又具有时代性、开放性、国际性的海油精神文化谱系，引领激励着一代代海洋石油人奋勇前进。

坚持开拓创新是中国海油奋进能源报国新征程的必然要求

当前，新征程和新变局叠加，新机遇同新挑战交织，新使命与新矛盾并存。站在第二个百年奋斗目标新征程上，坚持开拓创新是中国海油奋进能源报国新征程的必然要求，要强化开拓创新的思想自觉和行动自觉，用新思路、新举措、新成效顺应时代潮流、回应人民要求，推动高质量发展。

坚持开拓创新，要顺应时代潮流，加快绿色低碳转型。近年来，能源领域重大颠覆性技术不断涌现，新技术、新业态、新产业层出不穷，以绿色低碳为特征的能源转型将引领新一轮工业革命。特别是“双碳”目标的提出给传统能源行业绿色低碳发展提出了更高要求，能源结构将出现根本性调整。坚持开拓创新，对于中国海油而言，就是要顺应时代潮流，加快绿色低碳转型。要立足当前海上油气低碳生产，努力打造“绿色油田”；着眼过渡期天然气生产利用，努力打造“绿色产品”；展望未来新能源行业发展，努力打造“绿色产业”，助力我国早日实现“双碳”目标。

坚持开拓创新，要回应人民对美好生活向往的需要，增强油气保供能力。新时代，能源行业面临的主要矛盾是人民群众对清洁能源的需求和清洁能源供给能力不足的矛盾。坚持开拓创新，对于中国海油而言，就是要回应人民对美好生活向往的需要，牢记“我为祖国献石油”初心使命，不断增强油气保供能力。要坚定不移实施增储上产攻坚工程、绿色发展跨越工程、科技创新强基工程，聚焦大中型油气田勘探开发，加快推进南海、渤海和陆上三个“万亿大气区”建设，努力提高天然气在油气产量中的占比，加大LNG进口量和基础设施布局，为我国经济社会发展和人民生产生活贡献更多清洁低碳能源。

坚持开拓创新，要勇于推进改革，激发国企发展活力。改革只有进行时，没有完成时。深化国有企业改革，做强做优做大国有资本和国有企业，对坚持和发展中国特色社会主义、推动国民经济持续健康高质量发展具有重要意义。坚持开拓创新，对于中国海油而言，就是要勇于推进改革，进一步激发公司发展活力。要持续完善中国特色现代企业制度，优化集团管控模式，深化总部机构改革、科技体制改革和三项制度改革，深入挖掘公司发展的内生动力，高质量打赢国企改革三年行动收官战。

坚持开拓创新，要准确识变、科学应变、主动求变，在变局中开新局。近年来，以物联网、大数据、云计算和人工智能为代表的新一轮信息技术浪潮扑面而来，企业发展面临全新的商业环境和竞争挑战。坚持开拓创新，对于中国海油而言，就是要准确识变、科学应变、主动求变，在危机中育先机、于变局中开新局。要推动传统管理模式向现代化、数字化、智能化跨越，围绕勘探开发生产等核心业务，加大5G、北斗导航、人工智能等新技术应用，提高生产作业效率和安全保障能力；推动质量变革、效率变革、动力变革，不断形成高质量发展新优势，有力支撑公司长期健康可持续发展。

勇于开拓才能蹚新路、有出路，善于创新才能应变局、开新局。站在新的历史起点上，中国海油将勇立开拓创新新潮头，永不僵化、永不停滞，永葆“闯”的精神、“创”的劲头、“干”的作风，为实现第二个百年奋斗目标和中华民族伟大复兴的中国梦作出新的更大贡献。

（本文刊于《中国石油石化》杂志2022年第11期）

奋力打造堪当时代重任的国有能源骨干企业

中国海洋石油集团有限公司党组

党的十九届五中全会擘画了到2035年我国基本实现社会主义现代化远景目标，对“十四五”时期经济社会发展进行了战略部署，对国有企业改革发展提出了明确要求。中国海洋石油集团有限公司是我国重要的国有能源骨干企业，肩负保障能源供给、推动油气产业高质量发展重任。公司将深入贯彻十九届五中全会精神，提高政治站位，压实使命责任，主动担当作为，奋力打造堪当时代重任的国有能源骨干企业。

准确把握新发展阶段的使命召唤，积极承担时代赋予的重大责任

习近平总书记指出，全面建成小康社会、实现第一个百年奋斗目标之后，我们要乘势而上开启全面建设社会主义现代化国家新征程、向第二个百年奋斗目标进军，这标志着我国进入了一个新发展阶段。能源是经济社会发展的基石，能源企业在新发展阶段担当着重大责任。我们要深刻认识新发展阶段能源企业发展面临的新形势新任务新要求，努力在新的发展阶段展现新的担当作为。首先，推进高质量发展是石油工业的时代主题。进入新发展阶段，我国经济社会发展的国内外环境面临深刻复杂变化，高质

量发展成为经济社会发展的时代主题。高质量发展是创新成为第一动力、协调成为内生特点、绿色成为普遍形态、开放成为必由之路、共享成为根本目的的发展。石油工业是现代经济的“血液”，石油工业的发展贯通于现代社会经济活动各个环节、各个层面、各个领域。石油工业既承担着为经济社会高质量发展提供动力动能的重大使命，同时石油工业本身也必须加快推进质量变革、效率变革、动力变革，持续提高发展质量和水平，应对日趋严峻复杂的外部经营环境，防范化解重大经营风险，更好地满足人民日益增长的对美好生活的需求。其次，继续保持强劲发展是石油工业的重大使命。近年来，随着我国经济社会快速发展，我国油气对外依存度不断攀升，截至2020年底，原油对外依存度和天然气对外依存度又创下新高，对我国能源安全构成严峻挑战。与此同时，我国经济的持续健康发展为石油工业发展提出了更高要求，未来一段时期，我国原油总消费量将继续保持高位，天然气总消费量将快速增长。石油企业必须主动为国担当、为国分忧，坚定发展油气主业信心，加快推进油气增储上产，努力为我国经济高质量发展加油增气。第三，有序推进低碳转型是石油工业发展的重要趋势。去年9月22日，习近平主席在第七十五届联合国大会上郑重宣布，我国二氧化碳排放力争于2030年前达到峰值，努力争取2060年前实现碳中和。与此同时，国际社会环保意识也在逐步增强，各主要国家对能源工业的转型发展都在作出战略安排，减排降碳将成为未来能源工业发展大趋势。石油企业既是能源的重要生产者，同时也是能源的重要消费者，能源生产和消费结构的低碳化转型，对石油工业转型发展提出了新挑战新要求。我们必须积极主动适应能源结构转型发展大势，加快推进油气产业转型发展，助力“双碳”目标顺利实现，开拓公司发展新空间。第四，保持油气资源有序接替是海洋石油工业肩负的时代重任。海洋蕴藏着丰富的油气资源，从陆地走向海洋、从浅海走向深海、从深海走向极深海，是全球石油工业发展大势。我国海域油气资源量约占全国油气资源总量的三分之一，勘探开发潜力巨大。长期以来，我国石油工业勘探开发总体格局以陆上石油为主，改革开放以来，我国海洋石油工业迎来了快速发展，海洋石油工业对于我国油气保障的支撑作用不断增强。过去十年间，我国新增原油产量中来自海上的比重持续增长，2020年这一比例历史性地达到80%，标志着我国石油工业陆海统筹、海陆并重的发展格局基本形成。随着我国海域油气资源勘探开发巨大潜力进一步挖掘，海洋石油工业在国家能源安全保障中地位和作用将进一步凸显。

我们要准确把握能源工业发展面临的大势和海洋石油工业所处的历史方位，在清醒认识肩负的重大责任中明确战略使命，在深刻融入国家经济发展大局中建立战略愿景，在自觉对标宏观经济战略部署中明确战略目标，在准确判断行业发展态势中确立战略路径，积极融入党和国家工作大局，找准发展定位，发挥比较优势，紧扣公司“1534”总体发展思路，积极承担并扎实履行肩负的时代使命和责任。一是争当海洋能源开发领军者。积极践行国家海洋强国战略，发挥好公司海洋油气勘探开发和专业服务一体化优势，持续加大海洋能源资源勘探开发力度，积极助力我国海洋经济和海洋产业转型提质升级。二是争当能源绿色低碳转型生力军。积极践行国家碳达峰、碳中和战略部署，发挥好公司在油气勘探开发和炼油化工生产中节能减排的重要作用，发挥好液化天然气产业先发布局优势以及海洋新能源开发优势，加快绿色低碳转型。三是争当全面深化改革创新先锋队。积极践行党中央深化国企改革和加强科技创新的决策部署，以全面深化改革为突破路径，以科技自立自强为奋斗方向，进一步激发海洋石油工业高质量发展动力和活力。四是争当国家扩大对外开放新窗口。积极践行国家扩大开放重大决策部署，发挥公司对外开放的比较优势，全面深化国内油气全产业链合作，积极参与“一带一路”国际油气合作，努力成为国家新一轮扩大对外开放合作的窗口。五是争当央企稳增长顶梁柱。积极落实稳中求进的工作总基调和国民经济稳增长工作要求，保持公司收入利润和全员劳动生产率指标稳步增长，确保利润贡献居于央企前列，为海洋石油工业持续发展夯实基础。

准确把握新发展理念的核心要义，持续提升公司发展质量和治理水平

习近平总书记指出，“新发展理念是一个系统的理论体系，回答了关于发展的目的、动力、方式、路径等一系列理论和实践问题，阐明了我们党关于发展的政治立场、价值导向、发展模式、发展道路等重大政治问题”。推动海洋石油工业实现高质量发展，必须坚定不移贯彻新发展理念，把新发展理念贯穿海洋石油工业发展全过程和各领域，在高质量发展道路上扎实前行。

一是坚定油气主业发展方向，进一步夯实高质量发展根基。主动对接国家经济社会发展2035年远景目标、积极融入“十四五”经济社会发展规划，强力推进油气主业发展，为社会主义现代化建设作出新贡献。进一步突出主责主业，扎实推进增储上产“七年行动计划”，加速推进常规油气田开发，加快非常规稠油开发和勘探一体化开发，着力夯实公司油气储量基础，推动油气产量快速增长，力争“十四五”期间国内原油年均增长200万吨，天然气年均增长20亿方以上。突出勘探开发“压舱石”地位，全力以赴增加优质储量和效益产量，提升资源掌控能力和油气供给能力。持续加大勘探投入力度，以寻找大中型油气田为目标，持续深化地质认识和技术创新，力争在新区新领域新层系实现新突破。要持续加大油气增产力度，加强战略谋划，优化作业组织，充分调动各方面积极性，努力实现资源大突破、产量快提升、效益稳增长，按照“稳定老油田、加快新

油田、突破低边稠”的工作思路，力争实现国内原油天然气产量同比有较大幅度增长。渤海油田要紧盯原油年产量3000万吨目标，努力建成全国最大原油生产基地。加大海上管网与接收站点的互联互通，进一步提升油气储备安全保障能力。

二是扎实推进公司绿色低碳发展战略，加快形成绿色低碳发展格局。努力把握能源转型大势，践行绿色低碳战略，识变求变应变，大力推进能源工业面向低碳清洁方向转型发展。持续扩大国内天然气产量占比，大力推动实施节能减排，促进企业绿色低碳发展；加快完善新能源产业布局，形成规模化发展态势；加强低碳管理，深入推进绿色制造工程，加快“绿色油田”、“绿色工厂”建设，探索发展新能源业务和节能环保产业，增强持续发展能力。要努力打造一个产业，把清洁能源作为公司未来产业转型的重点方向之一，加快公司能源转型发展步伐；探索一套模式，持续优化完善清洁能源业务运营体制机制，探索形成具有海油特色的商业模式和管理模式；创新一组技术，聚焦清洁能源产业发展重点，加强核心技术攻关和应用基础研究，打造一批具有公司自主知识产权的核心技术体系；培育一支队伍，加快建设一支数量充足、结构合理、专业能力强、综合素质高的清洁能源产业人才队伍。积极研究发展碳捕获、利用与封存产业，稳妥推进技术研发和试验，探索形成全流程设计、建设和运营的产业化技术能力，助力我国顺利实现“碳达峰、碳中和”目标。

三是坚持创新在产业发展中的核心地位，进一步激发高质量发展动能。扎实推动产业发展从依靠速度、规模和要素驱动向创新驱动转变，努力向创新型能源公司迈进。聚集优势要素资源，突破关键核心技术，坚持“整合资源、突出重点、支撑发展、建成特色”原则，围绕油气勘探开发、能源转型、炼油化工、数字化及装备国产化等五大领域实施科技攻关工程；提升科技支撑能力，促进产业持续升级，实现深水与深层、新区新领域、非常规气探明储量的增长，持续推进炼化产业转型升级、高端化工品及新材料取得突破；大力推进“卡脖子”关键核心技术装备攻关，提升海洋油气勘探开发重大技术装备的国产化水平；完善创新体制机制，激发创新发展动力，完善科技组织体系和人才队伍体系，深化科研创新体制机制改革，激发广大科技人员创新热情和潜力，加大科研投入力度，进一步加大前瞻基础研究投入。推进数字化转型和智能化发展，推动新型基础设施建设，推动工业化互联网建设和应用，努力打造“智能油田、智能工程、智慧工厂”。加快大数据体系建设，推动科技与数字化体制和组织变革，激发科技创新新动能。

四是坚持协调在产业发展中的基础作用，进一步提升高质量发展境界。围绕油气主业发展这一核心，持续提升集团各业务板块协调发展水平，增强协同发展优势，在增强油气保供能力的同时，带动集团各业务板块共同发展。进一步做强海油特色油气产业链，拓展完善上下游产业体系，进一步加强产炼销贸和原油储运能力建设，努力做到上游更大、中游更优、下游更强，不断提高海洋石油工业集成发展优势。进一步提升专业技术及服务能力，向技术服务型和总承包方向转型，力争走出一条高端化、国际化、数字化、低碳化发展路线，全力保障国内油气增储上产，打造海上油气勘探开发一体化专业服务链，不断提高海洋石油工业综合竞争优势。

五是坚持安全在产业发展中的基础地位，进一步筑牢高质量发展生命线。牢固树立“没有高质量的安全，就没有高质量的发展”安全生产观，筑牢公司安全生产防线，提高本质安全水平，夯实公司高质量发展的基础和屏障。坚持以人民为中心的发展思想，以对党和人民事业高度负责、对员工及其家庭高度负责的责任和态度，加强生产安全和监管，突出抓好海上井控防喷、强台风防范、危险化学品和易燃易爆物品安全管理。按照

“深化认识、夯实基础、执行制度、落实责任”的工作要求，实施安全生产升级管理，全面加强重大安全作业风险管控和隐患排查整治。加强安全风险防控体系和防控能力建设，确保安全生产投入到位、安全设备配置到位、安全培训开展到位、安全管理监督到位。加强风控合规体系和防范金融风险能力建设，牢牢守住不发生系统性风险、不引发重大不稳定因素底线，确保公司健康可持续发展。

准确把握新发展格局的实践要求，充分发挥国有企业引领支撑作用

十九届五中全会作出构建以国内大循环为主体、国内国际双循环相互促进的新发展格局的重大决策，这是我国当前和未来较长时期经济发展的战略方向，必将为海洋石油工业改革发展提供新的机遇、动力和空间。要从全局和战略的高度，在新发展格局中找准定位，扎实履行国有企业肩负的时代重任。

一是在做强做优做大海洋石油工业上开创新局面。当今世界，国家之间的竞争，基础和重点是企业之间的竞争，特别是大型跨国企业之间的竞争。努力打造“代表中国、走向世界”的海洋石油产业国家队，对于把握油气产业国际竞争主动权具有重大意义。经过近四十年发展，我国海洋石油工业通过引进、消化、吸收、再创新，逐步建立了300米水深范围内的海上油气田勘探开发成套技术体系、工程体系和装备体系，具备了在1500米水深条件下的作业能力，并正在向3000米水深迈进，实现了我国海洋石油工业发展的历史跨越。要准确把握海洋石油工业对于我国油气保供体系建设肩负的重大使命，坚持“做强”目标不动摇，持续做大产业规模，做强核心业务，增强规模竞争能力，不断增强我国海洋油气工业的国际竞争力；坚持“做优”目标不动摇，持续完善产业链、强化价值链，增

强抗风险能力，不断增强我国海洋油气工业的持续发展能力；坚持“做大”目标不动摇，持续提升资产质量，提高盈利能力，实现国有资产保值增值，充分发挥海洋油气工业在我国经济社会健康发展的“稳定器”“压舱石”作用，努力打造具有全球竞争力的海洋石油工业体系，永做党和国家最可信赖的依靠力量。

二是在培育完整内需体系上展现新作为。习近平总书记指出，市场资源是我国的巨大优势，必须充分利用和发挥这个优势，不断巩固和增强这个优势，形成构建新发展格局的雄厚支撑。要充分利用我国经济纵深广阔的优势，坚决落实扩大内需战略，提高油气产品保障供给能力，以高质量供给深挖内需市场。要以满足国内基本油气需求为基本立足点，紧盯“十四五”及未来一段时期能源消费量持续增加趋势，加快构建传统化石能源与可再生能源互补的多元化能源供给新格局，以高质量能源产品供给来引领和创造新需求，实现更高水平的供需适配。要以常规油气产业发展为基础，以非常规油气资源为支撑，以海上向陆上拓展发展为延伸，以适度有效发展新能源加快转型，实现公司产能快速增长，逐步实现从单一的传统油气产业向综合能源产业体系转变，努力建成世界一流的清洁低碳综合能源产品和服务供应体系，为加快培育内需体系作出应有贡献。

三是在充分发挥引领带动作用上履行新担当。十九届五中全会指出，要发挥大企业引领支撑作用，推动产业链上下游、大中小企业融通创新。海洋石油工业具有高集成、跨学科、多领域的特点，随着海洋石油工业跨越发展，我国相关领域的技术装备国产化进程不断加快，海洋石油工业已成为拉动我国原材料、机电通讯、装备制造、船舶建造、海洋工程等相关行业发展的重要产业。要积极主动肩负起国有企业在完善产业链、优化价值链中的主导作用，加强与国内关联企业的融通发展，拓展合作领域，提升合作水平，通过海洋油气工业的高质量发展，进一步培植和促进我国海洋装备产业、海洋运输产业、海洋管线产业、海洋机器人产业、海洋水文及信息产业、海洋通讯产业、海洋环保产业、海洋精密仪器产业的发展。要努力打造清洁高效、安全可靠的能源产业链，加强创新链和产业链对接，加快炼化转型升级步伐，努力打造带动能力强、集成领域宽、附加价值高的重要战略产业群。

四是在深化改革提升管理上取得新突破。深入贯彻习近平总书记关于国有企业改革发展和党的建设重要论述和指示批示精神，坚持和加强党对国有企业的全面领导，扎实实施国有企业改革三年行动，在形成更加成熟更加定型的中国特色现代企业制度上取得明显成效，在推动产业布局优化和结构调整上取得明显成效，在增强公司活力和提高公司效率上取得明显成效，切实增强公司的竞争力、创新力、控制力、影响力、抗风险能力。要在完善中国特色现代企业制度上取得突破，将加强党的领导和完善公司治理相统一作为重要抓手，形成权责法定、权责透明、协调运转、有效制衡的公司治理机制。要在产业布局优化和结构调整上取得突破，在保障国家能源安全和推动能源转型上发挥更大作用。要在健全市场化经营机制上取得突破，把“三项制度”改革作为全面深化改革的“牛鼻子”，推动管理人员能上能下、员工能进能出、收入能增能减，进一步激发企业发展活力，创造更大经济价值。按照完善治理、强化激励、突出主业、提高效率要求积极稳妥推进全产业链特别是中下游产业混合所有制改革，带动和促进不同类型资本优势互补、共同发展。

五是在推进高水平对外开放上迈出新步伐。进一步扩大国际合作，优化海外资产布局，加大“一带一路”沿线国家和地区的油气投资，做实亚太－俄罗斯“一带一路”倡议起点区，成为储量、产量增长点；做大中东“一带一路”核心枢纽区，成为效益压舱石；做优非洲“一带一路”延伸发展区，成为利润增长点；做强欧美主力拓展区，持续提升全球市场竞争能力和市场地位，推动海外业务高质量发展。深度融入国家区域发展战略，主动融入、服务国家重大区域发展战略，建设京津冀、粤港澳大湾区、长三角一体化为重点的产业集群和重要承载地以及海南综合能源改革示范区，优化能源结构，完善能源安全保障体系，提升互济互保能力，提升区域用能效率，积极履行社会责任，贡献央企价值。

把党对国有企业的全面领导落到实处，为打造堪当时代重任的国有能源骨干企业护航赋能

国有企业是中国特色社会主义的重要物质基础和政治基础，是我们党执政兴国的重要支柱和依靠力量。坚持党的领导、加强党的建设是国有企业重要政治优势。要将政治建设摆在国有企业党的建设首位，有序组织党的建设与改革发展、生产经营“融合深化工程”，扎实推进党史学习教育，为打造堪当时代重任的国有能源骨干企业护航赋能。

一是将政治建设摆在国有企业党的建设首位，始终把牢企业发展正确的政治方向。首先，要提高政治站位，坚定党性立场。要永葆政治忠诚，树牢“两个维护”的思想之本，坚持“两个维护”是最重要的政治纪律和政治规矩，将“两个维护”体现在党员干部日常言行上，落实到贯彻党中央决策部署具体行动中。要强化责任担当，增强“两个维护”的行动之力，坚持把习近平总书记能源安全新战略重要论述和石油行业重要指示精神转化为海洋油气产业高质量发展的生动实践，确保总书记重要指示批示件件落实、党中央决策部署项项落地。要提高政治能力，巩固“两个维护”的素质之基，提高政治判断力，始终心怀“国之大者”，自觉把海洋石油事业发展放到建设社会主义现代化强国的全局思考和谋划；提高政治领悟力，自觉用总书记治国理政新理念新思想新战略指导实践、推动工作；提高政治执行力，始终坚持同党中央精神对标对表，勇于担当作为。

其次，要坚定理想信念，强化理论武装。坚持学以铸魂，严格落实党委（党组）理论学习中心组学习、“三会一课”、“第一议题”等学习教育制度，将学懂弄通做实习近平新时代中国特色社会主义思想融入公司发展全过程。坚持学以提能，自觉汲取习近平新时代中国特色社会主义蕴含的政治智慧和观点方法，将其贯穿于想问题、作决策、干工作全过程。坚持学以致用，聚焦企业改革发展中重点难点问题，自觉从总书记的重要思想中找方法、找钥匙、找答案。第三，要压实政治责任，强力正风肃纪。着力构建和不断完善以查办案件为龙头、以巡视和派驻为两翼的监督体系，贯通带动各类监督，推进全面从严治党向纵深发展。以保障“两个维护”为根本政治任务，以落实“两个责任”为基础，高昂查办案件龙头，筑牢全面从严治党坚固“后墙”，发挥巡视监督利剑作用和派驻监督探头作用，做实监督全覆盖，增强监督有效性，一体推进不敢腐、不能腐、不想腐，持续深化专项整治，推进重点领域问题系统治理，把正风肃纪反腐与深化改革、完善制度、促进治理贯通起来，在推动企业履行职责使命、做强做优做大过程中充分发挥监督保障执行、促进完善发展作用。

二是有序组织党的建设与生产经营“融合深化工程”，不断激发公司改革发展动力活力。全面实施党建“融合深化工程”三年计划，建标准，使党建工作做到责任可知、形象可视、行为可感、绩效可考、失效可察、失责可究；建体系，着力构建党建工作与生产经营深度融合的治理体系、价值体系、组织体系、考核体系、督导体系、问责体系，激发党建工作对生产经营的引领力、促进力、保障力。坚持目标导向和问题导向相结合，围绕公司发展战略和生产经营实际、围绕干部职工所思所想和所期所盼，找准推进深度有效融合的切入点。落实各级党组织的主体责任和纪检监察机构监督责任，坚持定期督导与专项督查相结合、重点督导与全面检查相结合、现场督导与跟踪督查相结合，通过巡视巡察、谈话访谈、党务公开、专项检查，对履职尽责情况进行监督检查，发现问题及时纠偏，对需要整改的问题明确整改措施、整改时限和责任人，推动融合深化工程走深走实。把制度建设贯穿深度有效融合全过程，将成熟做法及时固化下来，配套建立推动落实的领导机制、推进机制和考评机制，形成务实管用、真抓实干的制度和管理体系，使深度有效融合的制度逐步成熟定型。

三是扎实推进党史学习教育，激发打造堪当时代重任国有能源骨干企业的精气神。中国海油是我们党一手缔造的国有重要能源骨干企业，公司伴随着党实行改革开放的历史性抉择而诞生，伴随着党对中国特色社会主义道路的探索而成长，伴随着新时代党和国家事业蓬勃发展而不断取得新的进步。没有党的坚强领导，没有公司各级党组织长期努力，没有公司广大党员、干部、员工不懈奋斗，就不会有中国海油今天的辉煌成就。要以当前全党正在扎实开展的党史学习教育为契机，学史明理、学史增信、学史崇德、学史力行，学党史、悟思想、办实事、开新局，紧紧围绕立足新发展阶段、贯彻新发展理念、构建新发展格局来思考和谋划集团公司改革发展，在新起点新征程上育新机、开新局，切实把党史学习教育成效转化为精准发力、破解难题的科学思维，转化为与时俱进、深化改革的精神动力，转化为增储上产、开拓创新的能力本领，转化为履职尽责、担当作为的实际行动，为奋力打造堪当时代重任的国有能源骨干企业提供强大精神动力。

（本文刊于《学习与研究》2021年第7期）

传承国企红色基因
开创能源报国新局

中国海洋石油集团有限公司党组

习近平总书记指出，要“教育引导全党同志学党史、悟思想、办实事、开新局”。在党史学习教育中，中国海洋石油集团有限公司（以下简称“中国海油”）紧紧围绕国有企业的政治本色和使命担当，传承红色基因，将党史学习教育过程转化为奋力开创能源报国新局面的过程，党史学习教育不断向纵深推进。

强化红色引领，坚定正确航向

中国海油是国有能源企业，在改革开放的大背景下诞生，伴随着党对中国特色社会主义道路的探索而成长，受益于新时代党和国家事业蓬勃发展而不断取得新的进步。在近40年的发展历程中，广大党员干部始终坚持以党的创新理论为指导，坚定不移听党话、跟党走。在党史学习教育活动中，坚持把党的政治建设摆在首位，紧密结合党的十八大以来党和国家事业取得的新的伟大成就，坚持集中宣讲、主题研讨、专题党课、学习培训多措并举，引导带动各级党员干部从党的非凡历程中感悟马克思主义真理的伟力，深化对马克思主义中国化的认识，自觉用习近平总书记关于国有企业、能源行业和党的建设的重要论述指导工作，不断提高政治判断力、政治领悟力、政治执行力。

牢牢把握和贯彻高质量发展的时代主题、国有企业改革发展的战略部署、石油行业的发展要求，努力成为学习新思想、普及新思想、践行新思想的表率；落实党对国有企业的全面领导，努力成为“两个维护”、听党话跟党走的表率；履行“在经济领域为党工作”的使命，努力成为贯彻落实党中央决策部署的表率；贯彻落实新发展理念，努力成为展现新作为、建功新时代的表率。坚持把习近平总书记“四个革命、一个合作”能源安全新战略和关于石油行业的重要论述作为根本遵循，持续加大海洋能源资源开发力度，大力实施油气增储上产“七年行动计划”，全力推动国内油气增储上产，充分履行国有能源企业的使命担当。

勇担红色使命，践行庄严承诺

近年来，我国海洋石油工业迎来了快速发展，来自海上的新增石油产量占比不断提高，我国石油工业陆海统筹、海陆并重的发展格局基本形成。公司党组积极引导党员干部努力传承贯穿百年党史的革命精神、奋斗精神、奉献精神，立足新发展阶段，坚持把中国海油的发展放在党和国家事业发展的全局去思考谋划，坚守“在经济领域为党工作”使命责任和“我为祖国献石油”庄严承诺。紧扣立足新发展阶段、贯彻新发展理念、构建新发展格局，瞄准中国特色国际一流能源企业目标，谋划确立“1534”总体发展思路，大力推进“创新驱动、国际化发展、绿色低碳、市场引领、人才兴企”“五个战略”，充分发挥油气上产主力军、“卡脖子”技术攻关先锋队、国民经济稳增长“压舱石”“稳定器”三个作用；扎实推进从常规油气向非常规油气、从传统能源向新能源、从海上向陆上、从传统管理模式向现代化、数字化、智能化的“四个跨越”，公司能源保障能力不断增强。截至2020年，国内油气总产量突破6500万吨油当量，原油总增量约占全国的80%，海洋石油工业对于我国油气保障的支撑作用不断增强。

激活红色细胞，奋力攻坚克难

持续深入在企业全系统开展形势任务教育，突出思想引领、政治担当、使命任务，将石油工业发展面临的形势讲清讲透。动员引导员工结合形势发展、立足岗位职责，解决好“怎么看、怎么办、怎么干”的问题，切实凝聚共识、合力推动发展。

近年来，全球石油工业遭遇油价暴跌“黑天鹅”，外部经营环境中的不确定性持续增加，公司坚持把加强形势任务教育作为破困局开新局的重要一环，组织各级党组织以此为抓手，对重点工作持续抓好动员部署，号召基层党组织加强实践引导，推动形成“千斤重担人人挑，人人肩上有指标”实干氛围，为打赢应对低油价挑战主动战、夺取增储上产新胜利注入强大动力。与此同时，加强对工会、共青团等组织的领导，加大对党外干部、人才培养使用力度，团结凝聚各方面的智慧力量应对面临的困难和挑战，举全公司之力掀起“百船奋战”“万人竞赛”海上油气增储上产的生产高潮。

赓续红色血脉，提振奋斗精神

开设“大讲堂”，邀请公司第一任总经理秦文彩以“学党史、听党话、跟党走”为题讲授党课，向全体党员传承老一辈海洋石油人听党指挥、为国奉献的崇高精神和炽热情怀。举办“大庆精神、铁人精神专题学习培训班”，组织党员干部赴大庆学习，教育引导全体党员始终保持勇于奋斗的拼搏精神，弘扬国有企业优良传统，激发“爱国、担当、奋斗、创新”新时代海油精神。

近40年来，中国海油无论是推动完善国有资本收益分享机制、充实稳定社保基金、上缴收益税收，还是助力脱贫攻坚、落实“六保”“六稳”，都在用实际行动诠释国有企业改革发展一切为了人民、一切依靠人民、一切服务人民的理念。组织开展“我为群众办实事”活动，引导党员干部强化宗旨意识、永葆国企本色，深刻认识人民性是国有企业的根本属性，以人民为中心的发展思想是央企的使命所系，始终牢记“我是谁、为了谁、依靠谁”，把为民找油献油作为价值追求和根本责任，努力在解决国家能源发展不平衡不充分问题上发挥重要作用，在推动增储上产、践行共享理念上展现新作为。

涵养红色生态，保障行稳致远

公司党组坚持全面从严治党，贯彻新时代党的建设总要求，担当管党治党主体责任，严格执行重大事项请示报告制度，严格实施考责问责，逐级压实党建责任，使党建工作真正从“软指标”变为“硬约束”。高悬巡视巡察“利剑”，持续加大政治纪律、政治规矩执行情况巡视检查力度。严把政治标准，加强企业领导人员政治历练和实践磨炼，提高政治素质，增强治企本领，助推公司不断向中国特色国际一流能源企业的目标奋力迈进。在党史学习教育活动中，引导党员干部以史为鉴、学史崇德，始终保持“赶考”的清醒和坚定，在坚定信仰信念中强化自我革命的战略定力，在顺应人民意愿中坚持自我革命的正确方向，在解决突出问题中激发自我革命的强大动力，在创新体制机制中提高自我革命的能力水平，为海洋石油事业长远发展提供坚强政治保证。

（本文刊于《思想政治工作研究》2021年第6期）

永做党和国家最可信赖的依靠力量

中国海洋石油集团有限公司党组

党史学习教育开展以来，中国海油围绕“学史明理、学史增信、学史崇德、学史力行”目标要求，紧密结合行业发展和公司实际，推动学习教育走深走实，学党史、守初心，担使命、创实绩，永做党和国家最可信赖的依靠力量。

坚持学史明理，以奋进昂扬的姿态踏上新征程

党的十八大以来，习近平总书记对国有企业改革发展和党的建设作出系列重要论述，将党领导国有企业发展的规律性认识提高到一个全新高度。公司党组引导广大党员干部深刻感悟思想伟力，以奋进昂扬的姿态踏上发展新征程。

以习近平新时代中国特色社会主义思想为指引，把准奋进方向。公司党组将坚持不懈用党的创新理论武装头脑、指导实践、推动工作作为党史学习教育的重中之重，教育引导广大干部职工增强“四个意识”、坚定“四个自信”、做到“两个维护”。通过集中宣讲、主题研讨、专题党课等途径引导党员干部深化对国有企业使命责任的认识，坚守“我为祖国献石油”的庄严承诺，把牢国有企业发展正确方向，努力在现代化建设新征程

中实现更大作为。

积极融入党和国家工作大局，锚定奋进目标。中国海油是我们党一手缔造的国有重要能源骨干企业。党史学习教育中，我们引导干部员工准确把握能源工业发展大势，积极融入党和国家工作大局，争当海洋能源开发领军者，积极助力我国海洋经济和海洋产业转型提质升级；争当能源绿色低碳转型生力军，加快绿色低碳转型；争当全面深化改革创新先锋队，进一步激发海洋石油工业发展动力和活力；争当央企稳增长顶梁柱，确保公司各项质量效益指标稳步增长。

突出高质量发展时代主题，踏实奋进步伐。进入新发展阶段，高质量发展成为经济社会发展的时代主题。我们努力贯通历史、现实和未来，将党史学习教育和形势任务教育紧密结合起来，邀请知名专家为公司党员干部深入解读十九届五中全会精神，引导党员干部进一步提高推进公司高质量发展的历史自觉，在新发展格局中勇担使命，在新征程上迈出更加扎实的步伐。

坚持学史增信，以坚韧不拔的信念迎接新挑战

当前，石油工业面临着跨越发展、持续发展和转型发展多重挑战和考验。在党史学习教育中，我们坚持从党的百年历史中感悟信仰信念的力量，增强历史自觉，保持战略定力，以坚韧不拔的信念迎接新挑战。

坚定跨越发展信念不动摇。经过近40年的发展，中国海油实现了由浅水到深水、由上游到上中下游一体化、由国内到国际的发展。在党史学习教育中，公司党组坚持把习近平总书记“四个革命、一个合作”能源安全新战略和关于石油行业重要批示作为根本遵循，扎实推进公司产业结构从常规油气向非常规油气、从传统能源向新能源、从海上向陆上、从传统管理模式向现代化数字化智能化跨越发展。

坚定增储上产信念不动摇。近年来，随着我国经济社会快速发展，我国油气对外依存度不断攀升，对我国能源安全提出严峻挑战。在党史学习教育中，我们结合石油工业辉煌历史开展石油精神教育，结合油气保供使命责任开展形势任务教育，组织直管干部赴大庆学习，了解大庆会战波澜壮阔的历史，领悟石油精神的丰富内涵，感受石油人“听党话、跟党走”的使命担当，坚定增储上产信心和决心。

坚定转型发展信念不动摇。当前，能源生产和消费结构低碳化转型对石油工业发展提出了新挑战，石油企业必须在低碳转型过程中育先机、开新局。公司主动适应能源结构转型发展大势，从推进碳达峰、碳中和重大战略中把握先机，从服务国家区域发展战略中找准突破口，加快推动绿色低碳转型，努力在能源绿色低碳转型中走在前作表率。

坚持学史崇德，以忠诚奉献的品格展示新形象

在党的百年历史中，我们党形成了彰显党的性质宗旨和政治品格的精神谱系。国企领导人员必须对党忠诚、勇于创新、治企有方、兴企有为、清正廉洁，我们大力引导党员干部弘扬优良传统，赓续红色基因，提振奋进新时代的精气神。

永葆忠诚之心，坚定不移跟党走。对党忠诚、矢志报国是石油工业的光荣传统。我们邀请原石油部副部长、中国海油第一任总经理秦文彩同志和多名党龄超过50年的老党员以“学党史、听党话、跟党走”为题讲授专题党课，讲述海洋石油工人艰苦创业的故事，传承老一辈海洋石油工人听党指挥、为国奉献的炽热情怀。充分利用红色资源，组织党员干部实地参观学习，接受思想洗礼，传承奋斗精神，努力建设政治过硬、本领高强的高素质领导人员队伍。

永葆赤子之心，坚守矢志为民情怀。江山就是人民，人民就是江山，

人民性是国有企业的根本属性，以人民为中心的发展思想是央企的使命所系。公司党组教育引导党员干部始终牢记人民是真正的英雄，是我们党执政的最大底气，努力推动公司改革发展成果更多惠及人民群众，着力解决职工群众急难愁盼问题，切实增强人民群众获得感、幸福感、安全感。

永葆先进性纯洁性，坚持锤炼品格情操。党史学习教育中，我们坚持引导党员干部始终保持赶考的清醒，更加自觉地从百年历史中理解兴党强党的精神密码，持之以恒正风肃纪，着力强化纪律约束。公司党组着力构建和不断完善以查办案件为龙头、以巡视和派驻为两翼的监督体系，贯通带动各类监督，推进全面从严治党向纵深发展。

坚持学史力行，以不懈奋斗的实绩续写新辉煌

学习历史是为了更好走向未来，书写中华民族伟大复兴新篇章。我们坚持历史与现实相贯通，努力将学习教育成效转化为与时俱进的精神动力、破解难题的科学思维、开拓创新的能力本领和履职尽责的实际行动。

在做强做优做大上取得新业绩，持续夯实“两个基础”。我们将把党史学习教育激发出的力量，转化为推动企业进一步做强做优做大的实际行动，坚持“做强”目标不动摇，不断增强海洋油气工业的国际竞争力；坚持“做优”目标不动摇，不断增强海洋油气工业持续发展能力；坚持“做大”目标不动摇，充分发挥经济社会发展“稳定器”“压舱石”作用，持续夯实中国特色社会主义的物质基础和政治基础。

在发挥带动作用上展现新作为，助推构建新发展格局。我们将把党史学习教育激发出的力量，转化为助推构建发展新格局的实际行动，加强与国内关联企业的融通发展，进一步培植和促进我国海洋装备产业、海洋运输产业、海洋机器人产业、海洋环保产业、海洋精密仪器产业的发展。

在保障和改善民生上作出新贡献，让发展更多惠及人民群众。我们将

把党史学习教育激发出的力量，转化为维护人民群众根本利益的实际行动，加快构建多元化能源供给新格局，为满足人民群众对美好生活的向往加油添气。着力巩固拓展脱贫攻坚成果，做好脱贫攻坚成果同乡村振兴的有效衔接。扎实组织“我为群众办实事”活动，推动员工群众“急难愁盼”问题的有效解决。

（本文刊于《学习时报》2021年6月30日04版）

以昂扬奋发精神
谱写能源报国新篇章

中国海洋石油集团有限公司党组书记、董事长　汪东进

习近平总书记在庆祝中国共产党成立100周年大会上的重要讲话中，首次提出并阐述了伟大建党精神的深刻内涵和重大意义，在党的十九届六中全会上又对大力弘扬伟大建党精神提出进一步要求。以伟大建党精神为源头，我们党在百年奋斗中逐步构筑起绚烂夺目的精神谱系，锤炼出鲜明的政治品格。当前中国海油即将迎来成立40周年的关键节点，必须认真学习习近平总书记关于伟大建党精神的重要论述，从中汲取精神滋养、感悟前行力量，以更加昂扬奋发的精神状态将海洋石油事业不断推向前进。

一以贯之坚持真理、坚守理想，始终以科学理论引领前进方向。我们党自诞生之日起，就把马克思主义鲜明地写在自己的旗帜上，把实现共产主义确立为最高的理想，义无反顾肩负起实现中华民族伟大复兴的历史使命。一百年来，我们党始终坚持真理、坚守理想，形成了实事求是、与时俱进的政治品格，不断推动马克思主义中国化时代化，创立了符合我国国情的中国特色社会主义理论体系，科学指引了党和国家事业前进方向。

中国海油成立近40年来，一代代海油人始终听党话、跟党走，坚持用党的科学理论武装头脑、指导实践，结合公司发展实际提出了一系列与

时俱进的战略发展思路，有力推动海洋石油事业实现高效高速发展。踏上新征程，中国海油广大党员干部员工尤其是各级领导干部要坚持以政治建设为统领，不断提高政治判断力、政治领悟力、政治执行力，准确把握习近平新时代中国特色社会主义思想所蕴含的马克思主义立场观点方法，自觉做坚持真理、坚守理想的坚定信仰者、忠实实践者，深刻把握“两个确立”切实做到“两个维护”，努力把中国海油打造成为学习践行习近平新时代中国特色社会主义思想的重要阵地。要坚持以坚定的理想信念筑牢精神之基，始终牢记在经济领域为党工作的责任使命，坚持“1534”总体发展思路不动摇，锚定建设中国特色国际一流能源公司这一目标，实施创新驱动、国际化发展、绿色低碳、市场引领、人才兴企5个战略，发挥技术攻关先锋队、油气增储上产主力军、国民经济稳增长“压舱石”“稳定器”3个作用，推进从常规油气向非常规油气、从传统能源向新能源、从海上向陆上、从传统管理向现代化数字化智能化管理的4个跨越。

一以贯之践行初心、担当使命，始终以能源报国激发奋进力量。我们党诞生于民族危亡、人民苦难的时刻，从成立之日起就把为中国人民谋幸福、为中华民族谋复兴作为自己的初心使命，并一以贯之体现到党的全部奋斗之中。回顾党的百年历程，我们党之所以能从小到大、从弱到强，在革命、建设和改革各个阶段取得伟大胜利，根本原因就在于不管是处于顺境还是逆境，都始终坚守为中国人民谋幸福、为中华民族谋复兴的初心使命，义无反顾朝着实现中华民族伟大复兴的目标前进，从而赢得了人民的衷心拥护和坚定支持。

中国海油成立近40年来，一代代海油人坚定不移践行“我为祖国献石油”的责任使命，公司国内海上油气总产量从成立之初的9万吨增长至6500万吨，2019、2020年，公司国内原油增产量占国内原油增产量的比例分别为56%和83%，如今“国内原油增产靠海上、海上原油增产靠海油”已成为行业共识。踏上新征程，全体海油人将深入贯彻落实习近平总书记建设海洋强国、加快深海油气资源勘探开发重要指示精神，拿出干在前、作表率、争一流的精气神，以更大决心、更大力度推动海洋石油事业再上新台阶。要聚焦保障国家能源安全重大政治责任，实施增储上产攻坚工程，推动油气保供能力再增强；聚焦实现高水平科技自立自强，实施科技创新强基工程，推动关键核心技术攻关再加劲；聚焦践行“双碳”目标要求，实施绿色发展跨越工程，推动绿色能源转型再提速；聚焦落实国民经济稳增长工作要求，实施提质增效升级行动，推动企业经营效益再攀高。通过实施“三大工程”“一个行动”，为保障国家能源安全、建设海洋强国作出新的更大贡献。

一以贯之不怕牺牲、英勇斗争，始终以奋斗姿态迎接风险挑战。我们党是在斗争中成长起来的，有斗争就会有牺牲。一百年来，我们党始终保持“为有牺牲多壮志，敢教日月换新天”的大无畏奋斗精神，团结带领人民进行艰苦卓绝的斗争，结束了列强入侵、战火频仍、山河破碎、生灵涂炭的历史，开辟了中国特色社会主义伟大道路，创造了经济快速发展和社会长期稳定的奇迹，谱写了气吞山河的壮丽史诗。

中国海油成立近40年来，一代代海油人传承石油精神，弘扬海油精神，战天斗海，奋勇开拓，在祖国广袤海疆矗立起一座座海上钢铁之城。公司有效应对了历史上多轮油价“严冬”和新冠肺炎疫情冲击，在各种斗争中不断发展壮大。踏上新征程，面对能源行业发展低碳化电气化、国内油气改革多元化市场化的重大格局变化，中国海油未来发展既面临难得的机遇，也面临诸多的挑战。越是面对艰巨的挑战，越要永葆斗争精神。中国海油将始终坚持以改革思维激发公司发展活力，扭住“三项制度”改革这个全面深化改革的“牛鼻子”，深入推进集团总部改革，加快推进“揭榜挂帅”等科技体制机制改革，以改革破除制约高质量发展瓶颈问题，确保公司在风云变幻的国际形势中立于不败之地。始终坚持以创新思维参与国内外行业竞争，深入开展对标世界一流管理提升行动，加快数字化智能化转型步伐，积极推进海油电商平台、共享中心等平台建设，多措并举加强战略性高层次人才培育，深入推进降本提质增效，确保公司在日益激烈的行业竞争中立于不败之地。始终坚持以底线思维做好重大风险防范，突出抓好安全生产、财务金融、卫生健康等关键领域风险防控，压实责任，常抓不懈，筑牢高质量发展安全屏障，确保公司在不断变化的市场环境中立于不败之地。

一以贯之对党忠诚、不负人民，始终以人民立场筑牢发展根基。对党忠诚，是共产党人首要的政治品质。我们党自成立以来历经艰险磨难，没有被困难压垮，也没有被敌人打倒，靠的就是千千万万党员的忠诚。党性和人民性从来都是一致的、统一的，对党忠诚的本质要求是不负人民。一百年来，中国共产党人始终坚持在党爱党、心系人民，敢为人先、锐意进取，把为党尽职、为民造福作为根本政治担当，任何时候任何情况下都不改其心、不移其志、不毁其节。为了党和人民的事业，一大批革命先烈舍生忘死、一大批英雄人物无私无我、一大批先进模范忠诚奉献，以实际行动诠释了共产党人的忠诚内涵，展现了共产党人的人民情怀。

中国海油成立近40年来，一代代海油人以对党和人民事业高度负责的态度推动改革发展，在20世纪80年代率先推动海洋石油对外合作，90年代开启油公司、专业服务公司和基地系统“三条线”分离、深化存续企业改革，20世纪初及时推动油公司和专业公司上市。在此过程中，始终坚持依靠广大干部员工，坚持改革发展成果与干部员工共享，有力推动了公司发展迈上新台阶。踏上新征程，中国海油广大党员干部员工将全面贯彻落实新时代党的建设总要求，实施好党建与生产经营“融合深化工程”，推动党建工作从“有形化”向“有效化”转变，以高质量党建引领推动高质量发展。坚决落实以人民为中心的发展思想，积极践行“绿水青山就是金山银山”理念，坚持“在保护中开发、在开发中保护”，加大环保投入规模，助力公司海域环境保护；积极实施乡村振兴战略，继续全力推动对口帮扶6个县市发展地方经济，让公司经营发展成果更多惠及人民群众。

（本文刊于《学习时报》2021年12月20日04版）

指引海洋石油工业高质量发展的思想灯塔

中国海洋石油集团有限公司党组书记、董事长 汪东进

2016年10月10日，习近平总书记出席全国国有企业党的建设工作会议并发表重要讲话，站在巩固中国特色社会主义的物质基础和政治基础、夯实党的执政基础的高度，深刻阐述了国有企业改革发展和党的建设系列重大理论和实践问题，把我们党领导国有企业改革发展和党的建设的规律性认识提高到全新高度，实现了国有企业党的建设理论和国有企业治理理论的历史性飞跃。中国海洋石油集团有限公司是我国重要的国有能源骨干企业，是我国海洋油气资源勘探开发的“国家队”“主力军”。五年来，我们深入贯彻落实习近平总书记全国国有企业党的建设工作会议重要讲话精神，以坚定的政治自觉、思想自觉、行动自觉强党建、抓改革、促发展，将党对海洋石油工业的全面领导落到实处，公司治理体系不断完善、治理效能全面提升，公司各项事业正沿着习近平总书记指引的方向阔步前进。

习近平总书记全国国有企业党的建设工作会议重要讲话为海洋石油工业发展矗立了思想灯塔，中国海油的跨越发展充分彰显了这一重要讲话的真理光芒和实践伟力

五年来，中国海油始终牢记习近平总书记关于国有企业改革发展和党

的建设“一个总体目标”“两个一以贯之”“三个有利于”“四个坚持”系列重要论述，砥砺人民国企为人民“初心”，提振做强做优做大国有企业“信心”，坚定矢志不移跟党走“决心”，总书记的重要指示和殷切嘱托，在中国海油正在成为自觉自励的生动实践。

第一，始终牢记总书记对于做强做优做大国有企业的殷切期望，一刻不停推动改革发展，公司综合实力大幅增强

习近平总书记指出，国有企业是中国特色社会主义的重要物质基础和政治基础，是我们党执政兴国的重要支柱和依靠力量，强调新中国成立以来特别是改革开放以来，国有企业发展取得巨大成就，新的条件下，要坚定不移把国有企业做强做优做大，努力成为党和国家最可信赖的依靠力量等“六种力量”。这些重要论述深刻揭示了国有企业对于巩固中国特色社会主义、夯实党的执政基础的极端重要性，有力廓清了“国有企业要不要”“国有企业能不能搞好”等重大问题的思想迷雾，明确了新的历史方位下国有企业功能定位和使命责任，为“建设什么样的国有企业”“如何建设国有企业”等重大理论和实践问题指明了方向，为国有企业发展开辟了广阔空间、注入了强大动力。

五年来，我们始终牢记总书记的重要指示，在清醒认识肩负的重大责任中明确战略使命，在深刻融入国家经济发展大局中建立战略愿景，在自觉对标国家宏观经济战略部署中明确战略目标，“能源报国”的使命责任得到扎实有效履行。融入国家重大战略部署加强战略管理。全面贯彻落实习近平总书记关于能源行业的重要指示批示精神，明确建设中国特色国际一流能源公司发展目标，大力实施“创新驱动、国际化发展、绿色低碳、市场引领、人才兴企”五个战略，充分发挥油气上产主力军、“卡脖子”技术攻关先锋队、国民经济稳增长“压舱石”“稳定器”的“三个作用”，扎实推进“从常规油气向非常规油气、从传统能源向新能源、从海上向陆上、从传统管理模式向现代化、数字化、智能化”的“四个跨越”，形成新的历史方位下“1534”总体发展思路，引领公司在新的历史条件下实现跨越发展。聚焦能源安全大力推进增储上产。我们始终牢记习近平总书记“加大国内油气勘探开发力度”“大力弘扬石油精神”指示批示精神，系统部署、海陆并进，全力以赴实施油气增储上产“七年行动计划”，努力打赢油气增储上产进攻战。五年来公司新增探明石油地质储量13亿吨、天然气地质储量超5000亿方，累计生产原油3.83亿吨、天然气1166亿方，较“十二五”期间分别增长24%和13%，2020年国内油气产量首次突破6500万吨，国内原油增幅占全国原油增幅的80%。我国首个千亿方自营深水大气田“深海一号”能源站成功投产，宣告我国海洋石油工业作业能力实现了由300米到1500米超深水的历史性跨越、进入“超深水时代”。围绕增效提能持续深化改革。坚决贯彻党中央深化改革战略部署，大力推动以结构调整为重点的体制变革、以流程再造为关键的制度变革、以“三项制度”改革为核心的机制变革，补短板、强弱项、提质效。五年来公司累计实现利润总额3290亿元，在国际油价剧烈波动并长期处于较低价位背景下贡献利税费超过5000亿元，净资产收益率从1.5%提升至6.1%，国有资本增值104.6%，连续17年获央企负责人经营业绩考核“A”级。

第二，始终牢记总书记关于发展国有企业必须坚持的基本原则，厚植“姓党为党”政治基因，政治优势充分发挥

习近平总书记指出，坚持党的领导、加强党的建设，是我国国有企业的光荣传统，是国有企业的“根”和“魂”，是我国国有企业的独特优势，强调党对国有企业的领导是政治领导、思想领导、组织领导的有机统一，要加强和完善党对国有企业的领导、加强和改进国有企业党的建设。这些重要论述明确指出了国有企业的本质属性，深刻揭示了国有企业坚持党的领导、加强党的建设的理论逻辑、历史逻辑和实践逻辑，明确指出了国有企业改革发展必须坚持的根本遵循和目标方向，开辟了党领导经济建设、领导国有企业改革发展的新篇章。

五年来，我们坚持党对国有企业的领导不动摇，将政治建设摆在企业党的建设首位，持续提高政治判断力、政治领悟力、政治执行力，切实将党对国有企业的全面领导落到实处，引领和保障公司高质量发展。把党对国有企业的政治领导落到实处。提高政治站位，强化政治引领，时刻与习近平总书记的指示要求对标对表，始终从政治上把握大局、制定战略、推动工作，始终在政治立场、政治方向、政治原则、政治道路上同以习近平同志为核心的党中央保持高度一致，把习近平总书记重要指示批示和党中央决策部署贯彻落实到位，制定实施加强党的政治建设工作措施，把党的政治建设融入公司改革发展全过程。把党对国有企业的思想领导落到实处。坚持把学懂弄通做实习近平新时代中国特色社会主义思想作为首要政治任务，结合石油工业的优良传统和石油精神，广泛开展“大学习、大培训、大讨论、大调研”，夯基垒台，固本培元，引导公司各级自觉做习近平新时代中国特色社会主义思想的坚定信仰者和忠实实践者，以思想上的忠诚筑牢“我为祖国献石油”的坚定信念，以行动上的紧跟践行“在经济领域为党工作”的使命责任。把党对国有企业的组织领导落到实处。积极践行新时代党的组织路线，严格落实中国共产党国有企业基层组织工作条例，突出政治能力加强党组自身建设，确保党组在讲政治、守规矩，讲奉献、担责任等方面立标杆、作表率；突出政治功能推进基层组织标准化规范化，扎实组织开展“支部达标”活动，使组织设置、组织生活、组织管理、组织活动、组织监督有抓手、易落地；突出政治优势持续推进党的建设与改革发展、生产经营“深度有效融合”，推动党的独特优势不断转化为企业核心竞争力。

第三，始终牢记总书记关于建设中国特色现代国有企业制度的指示要求，规范公司治理结构，治理效能显著提高

习近平总书记指出，坚持党对国有企业的领导是重大政治原则，必须一以贯之；建立现代企业制度是国有企业改革的方向，也必须一以贯之，强调中国特色现代国有企业制度，“特”就特在把党的领导融入公司治理各环节，把企业党组织内嵌到公司治理结构之中。这些重要论述明确指出了中国特色现代企业制度与西方公司制度的本质区别，揭示了新时代国有企业治理区别于传统国有企业管理的显著特点，创新了国有企业治理方案，开拓了国有企业治理境界，指明了建设中国特色现代国有企业制度的总体要求和基本路径，构建了具有中国特色中国风格中国气派的公司治理“中国模式”。

五年来，我们始终坚持“两个一以贯之”要求，推动公司治理体制变革、机制完善、流程优化，中国特色现代企业制度建设取得长足进展。推进治理体制变革。全面确立党组织在公司治理结构中的法定地位，分层分类推动集团和境内二、三级全资和控股子公司全部把党组织的职责权限、机构设置、运行机制、基础保障写入公司章程。全面推行“双向进入、交叉任职”领导体制，结合深化改革、干部日常调整等，对设立董事会的二、三级单位全部实行党委书记、董事长“一肩挑”。推进治理机制完善。处理好党组织和其他治理主体的关系，明确党组织在决策、执行、监督各环节的权责和工作方式，既发挥好领导核心作用，同时尊重各治理主体履行好治理职责。在二、三级单位全部设立董事会或执行董事，规范运作，保障董事会法定职权落实，努力形成各司其职、各负其责、协调运转、有效制衡的治理机制。推进治理流程优化。严格落实党组织研究讨论重大问题前置程序，清单化明确由党组织讨论决定和前置把关事项，建立起由公司章程、决策办法、议事规则组成的权责体系，党委（党组）把方向、管大局、促落实，董事会定战略、作决策、防风险，经理层谋经营、抓落实、强管理，企业治理更加科学、规范，公司治理效能显著提升。

第四，始终牢记总书记对国有企业领导人员所做的谆谆教诲，努力培养党在经济领域的执政骨干，各级管理人员政治素质和专业能力持续优化

习近平总书记指出，国有企业领导人员是党在经济领域的执政骨干，肩负着经营管理国有资产、实现保值增值的重要责任，强调国有企业领导人员必须对党忠诚、勇于创新、治企有方、兴企有为、清正廉洁，必须把爱党、忧党、兴党、护党落实到经营管理各项工作中。这些重要论述充分肯定了国有企业领导人员在我们党的干部队伍中的重要地位，对国有企业领导人员知责履责提出了殷切期望，明确提出了贯通国有企业领导人员选、育、用、管必须坚持的根本标尺，为选用什么样的国企领导人员、如何培养国企领导人员提供了遵循，为加强国有企业领导人员队伍建设指明了方向。

五年来，我们牢记总书记对于国企领导人员所做的谆谆教诲和提出的殷切期望，对标国有企业领导人员“20字”根本标尺，扎实组织干部人才队伍建设，高素质专业化干部人才队伍建设取得显著成效。强化对党忠诚的政治品格。坚持把学习习近平新时代中国特色社会主义思想作为领导干部教育培训的“第一堂课”，坚持把贯彻落实习近平总书记重要指示批示精神和最新重要讲话作为党组及各级组织会议的“第一议题”，不断提高政治判断力、政治领悟力、政治执行力。出台集团公司《选拔任用中突出政治标准意见》，对考察对象进行政治“画像”，对领导干部开展政治测评，严把政治关、廉洁关、形象关。强化勇于创新的企业家精神。坚持一人一策、外引内培，大力实施战略性高层次人才培育计划、技能型领军人才倍增计划、青年科技英才成长成才计划和新兴产业人才储备计划，优先支持创新驱动战略实施重点、科技发展关键领域，建立一批大国工匠、专家能手创新创效平台，持续推进企业产品、技术、管理创新。强化治企有方的管理能力。紧紧围绕公司发展战略、核心业务打造“中国红+海油蓝”培训体系，加强领导人员实战化专题培训，实施年轻干部锻炼计划，加强集团总部与基层干部人才交流互通，选派优秀干部人才到条件艰苦、问题复杂、矛盾突出的地方锻造过硬本领。强化兴企有为的责任担当。研究出台激励干部担当作为工作措施和“三个区分开来”容错纠错实施办法，指引领导人员牢固树立正确的业绩观，贯彻创新、协调、绿色、开放、共享发展理念，推动企业全面履行使命责任。强化清正廉洁的作风形象。严格落实《国有企业领导人员廉洁从业若干规定》等党纪规定，从严执行谈心谈话、函询诫勉、信访调查等工作制度，加强先进典型正面引导和以案说法、以案说纪警示教育，深入开展违规经商办企业专项整治，自觉把廉洁自律作为价值追求、履职底线。

第五，始终牢记总书记对国有企业全面从严治党作出的明确指示，扎实履行管党治党责任，党建工作质量不断提升

习近平总书记指出，全面从严治党要在国有企业落实落地，必须从基本组织、基本队伍、基本制度严起，强调国有企业党委（党组）要履行主体责任，把党员日常教育管理的基础性工作抓紧抓好，把纪律和规矩挺在前面，开创国有企业党的建设新局面。这些重要论述充分体现了全面从严治党大抓基层的鲜明导向，系统回答了新时代国有企业基层党建工作抓什么、怎么抓这个根本问题，对国有企业落实党建工作责任、加强“三基”工作、深入开展党风廉政建设和反腐败斗争提出明确要求，为国有企业全面从严治党、从严治企指明了方向。

五年来，我们着力强化管党治党政治责任，坚持从加强“三基”工作入手，以高质量党建引领和促进了企业高质量发展。健全完善责任体系。制定实施落实全面从严治党主体责任规定和责任清单，明确各级党风廉政建设和反腐败工作职责，建立所属单位报告党建工作制度、党组织书记抓党建述职评议制度，出台混合所有制企业党建、区域党建、海外党建指导性文件，切实推动管党治党责任压实到位、任务落实到底。不断提高组织效能。坚持“四同步、四对接”，持续优化组织设置，加强换届提醒督促，做到应建必建、应换尽换。坚持把党组织书记岗位和党务工作岗位打造成为领导人员培养选拔重要平台和复合型人才培养重要平台，不断激发示范引领作用。制定三大类10项“基础指标”和政治、攻坚、和谐、创新四方面“关键指标”，连续三年开展“党支部达标”活动，大力推动基层组织规范化建设，有力彰显基层组织优势。持续涵养政治生态。坚持把纪律和规矩挺在前面，健全规范党内政治生活，严格执行党中央决策部署定期报告、定期检查等制度，印发《中国海油总部部门作风建设“七不准”》，按照“严实快新”要求推动各级管理部门作风建设迅速转变；构建以“一头两翼”为核心、各种监督协同配合、联动贯通的监督体系，一体推进不敢腐、不能腐、不想腐，涵养和巩固风清气正的良好政治生态。

五年来，在习近平总书记全国国有企业党的建设工作会议讲话精神激励和指引下，中国海油的面貌、中国海油干部队伍的面貌、中国海油党建工作的面貌发生了深刻变化。五年来的学习和实践使我们深刻认识到，习近平总书记全国国有企业党的建设工作会议重要讲话是我们党领导国有企业改革发展伟大实践的重要理论成果，充分体现了马克思主义实事求是、坚持真理、与时俱进的理论品质，是充满生机与活力的伟大真理，是长期指引国有企业改革发展和党的建设的纲领性文献，是国有企业广大干部群众必须十分珍惜且牢牢掌握的宝贵财富。

新的征程上，我们将进一步推动学习习近平总书记全国国有企业党的建设工作会议重要讲话精神入心入脑、走深走实，奋力书写中国海油改革发展和党的建设新篇章

立足发展新阶段，党中央擘画了全面建设社会主义现代化国家的宏伟

蓝图，对国有企业高质量发展作出战略部署。中国海油将深入贯彻习近平新时代中国特色社会主义思想，在习近平总书记全国国有企业党的建设工作会议重要讲话思想灯塔指引下，以更高标准、更严要求、更实举措加强企业党的建设，推动公司改革发展，干在先、走在前、创一流，努力推动海洋石油事业实现新的跨越发展。

第一，旗帜鲜明讲政治，永葆国有企业政治本色

旗帜鲜明讲政治是国有企业的光荣传统、突出特点和独特优势，是履行好新时代肩负的重大使命的重要保证。我们将牢记习近平总书记关于“坚决澄清讲国有企业只讲经济属性、忽视政治和社会属性的模糊认识”的重要指示，将政治建设摆在首位，坚定不移听党话跟党走，永做党和国家最可信赖的依靠力量。坚持用习近平新时代中国特色社会主义思想凝心铸魂。当前及今后一段时期要把学习贯彻习近平总书记“七一”重要讲话精神和关于建设海洋强国、加快深海油气资源勘探开发重要指示精神作为首要政治任务，全面开展“大学习”，抓好“大宣讲”，组织“大培训”，增强“四个意识”、坚定“四个自信”、坚决做到“两个维护”，不断提高政治判断力、政治领悟力、政治执行力，努力成为学习新思想、普及新思想、践行新思想的表率。坚决把“两个维护”政治要求落到实处。坚定不移向党中央看齐，向党的理论和路线方针政策看齐，向党中央决策部署看齐，把准政治方向，认真对标对表，及时校正偏差，自觉在思想上政治上行动上同以习近平同志为核心的党中央保持高度一致。严格执行党章和新形势下党内政治生活若干准则，坚持开展经常性政治体检，引导各级发自内心忠诚核心、拥戴核心、捍卫核心，努力成为听党话、跟党走的表率。坚决扛起“在经济领域为党工作”责任使命。自觉从讲政治的高度谋划推进海油事业，坚持以党的初心为初心，紧紧围绕党的事业推进海油建设，用“干”说话、以“干”求效，勇于破解改革发展难题，自觉做到党中央提倡的坚决响应、党中央决定的坚决执行、党中央禁止的坚决不做，不折不扣落实好党赋予的各项任务，努力成为贯彻落实党中央决策部署的表率。

第二，大力实施“三大工程一个行动”，坚决扛起油气增储上产主力军重大使命

石油是现代经济的“血液”，石油工业的发展贯通于现代社会经济活动各个环节、各个层面、各个领域。我们将深入贯彻落实习近平总书记关于建设海洋强国、加快深海油气勘探开发的重要指示精神，以更高标准更实举措推动海洋石油事业高质量发展，切实履行保障国家能源安全使命责任。大力实施增储上产攻坚工程。积极融入“十四五”经济社会发展规划，紧紧围绕公司“1534”总体发展思路，坚持油气并举、海陆并进，不断增强油气保供能力，力争“十四五”期间国内新增探明石油、天然气地质储量比原定的“七年行动计划”有新的增长。大力实施科技创新强基工程。把科技创新摆在发展全局中的核心位置，紧紧围绕深水深层、高温高压上游关键核心技术加快攻关，加紧加快智能接收、超大容量存储中下游关键环节周密布局，全面推进“智能油田、智能工程、智能工厂”示范建设，力争“十四五”时期10项关键核心技术达到世界一流，数字化智能化整体水平处于国内同行业领先。大力实施绿色发展跨越工程。主动把握能源转型大势，积极践行绿色低碳战略，瞄准“国内油气增储上产主力军、新能源产业发展生力军、碳利用与封存产业化发展先行军”定位，按照“清洁替代、低碳跨越、绿色发展”三个阶段，以踏石留印、抓铁有痕的劲头，稳步推进“双碳”行动方案实施，推动公司产业结构从单一传统油气向绿色低碳能源体系转变。大力实施提质增效升级行动。聚焦国民经济稳增长工作要求，坚持低成本发展不动摇，以对标世界一流管理提升行动为契机，建立全过程、全链条的成本管理机制，构建甲乙方、上下游、产贸融的价值共同体，以优质能源供应为区域发展赋能，以海洋油气工业

高质量发展助力海洋经济高质量发展，力争经营效益再创新高、保持央企领先水平。

第三，扎实开展国企改革“三年行动计划”，充分激发中国特色现代企业制度优势

习近平总书记指出，改革创新是搞好国有企业的成功之路。我们将扎实实施国有企业改革“三年行动计划”，在形成更加成熟更加定型的中国特色现代企业制度上取得新的进展。突出规范治理加快现代企业制度建设。落实“两个一以贯之”要求，以建立中国特色现代企业制度为目标方向，充分发挥公司党组把方向、管大局、促落实领导作用，进一步厘清党组（党委）和其他治理主体的关系，清单化治理主体权责，坚持决策质量和决策效率相统一，构建权责法定、权责透明、协调运转、有效制衡的公司治理机制，推动制度优势更好转化为治理效能。突出活力动力深化“三项制度”改革。遵循市场经济规律、企业发展规律和干部人才成长规律，以打造高素质干部人才队伍和提升企业核心竞争力为目标，重构岗位体系，畅通职业发展通道，建立岗位价值型薪酬分配体系，更深层次推进任期制和契约化管理，努力实现“干部能上能下”“员工能进能出”“收入能增能减”。突出自立自强完善科技体制机制。加快科研机构整合，深化科研模式创新，大力引进“高精尖缺”人才，大力推广“揭榜挂帅”“赛马”等制度，加强上下游、产学研协同攻关，加快创新技术成果应用转化，打造一体化海油创新联合体，用最优秀的人才、最充足的资源、最先进的设备努力打造原创技术“策源地”和现代产业链“链长”。

第四，持续提高党建工作质量，为做强做优做大提供坚强政治和组织保证

党的基层组织是党的全部工作和战斗力的基础。我们将牢记习近平总书记关于“把国有企业基层党组织建设成为坚强战斗堡垒”的重要指示，深入贯彻新时代党的组织路线，突出政治功能，提升组织力，强化使命意识和责任担当，抓基层、强基础、固根本。建设坚强有力的党组。坚持在学习贯彻习近平新时代中国特色社会主义思想上先行一步，努力做到学以悟道、学以致用、学以明志、学以修身，充分发挥示范带头作用，特别是党组中心组成员要拿出更高的标准和要求，始终带着信念学、带着感情学、带着使命学、带着问题学，在“诚于心”、固根本上下功夫，在“敏于思”、提能力上动脑筋，在“躬于行”、见成效上作表率，引领企业迈上新台阶。建设坚强有力的基层组织。按照“责任可知、形象可视、行为可感、绩效可考、失效可察、失责可究”的思路，认真落实《中国海油党的建设与改革发展、生产经营“融合深化工程”实施方案》，发挥好党组织书记“领头雁”作用、党员先锋模范作用和党支部战斗堡垒作用，推动党建工作从“有形化”向“有效化”转变，切实以改革发展成果检验党组织的工作和战斗力。建设坚强有力的干部人才队伍。坚持党管干部、党管人才原则，坚持党组织领导把关作用不变，把政治标准作为第一标准，做深做实政治素质考察，大力选拔基层经验丰富、实干实绩突出、历经大战大考的优秀年轻干部，深化落实“三个区分开来”要求，创新改进人才培养工作，努力培养和造就政治、能力、纪律、作风全面过硬的干部人才队伍。

第五，把全面从严治党推向纵深，保障海洋石油工业高质量发展行稳致远

习近平总书记在庆祝中国共产党成立100周年大会上指出，“要牢记打铁必须自身硬的道理，增强全面从严治党永远在路上的政治自觉”。我们将坚定不移落实全面从严治党政治责任，保持永远赶考的清醒强力正风肃纪。强化管党治党责任。深入贯彻党中央关于新时代党风廉政建设和反腐败斗争的重大部署，抓紧抓实责任制这个“牛鼻子”，督促公司各级党组织把管党治党责任落到实处，纪检监察机构突出政治监督、强化日常监督，着力推动两个责任同向发力、一体强化。巩固作风建设成效。坚持把群众反映强烈的突出问题作为突破口和切入点，建立违反中央八项规定精神问题快查快结机制，持续整治形式主义、官僚主义，提高调查研究的实效，弘扬“严实快新”的作风，努力为基层减负降压松绑，防止老问题复燃、新问题萌发、小问题做大。着力完善巡视监督工作格局。着力构建和不断完善以查办案件为龙头、以巡视和派驻为两翼的监督体系，贯通带动各类监督，推进全面从严治党向纵深发展。高昂查办案件龙头，筑牢全面从严治党坚固“后墙”，发挥巡视监督利剑作用和派驻监督探头作用，做实监督全覆盖，增强监督有效性。一体推进不敢腐不能腐不想腐，持续深化专项整治，推进重点领域问题系统治理，把正风肃纪反腐与深化改革、完善制度、促进治理贯通起来，在推动企业履行职责使命、做强做优做大过程中充分发挥监督保障执行、促进完善发展作用。抓好正面引领和反面警示预防教育，以新风正气革除积弊痼疾。

（本文刊于《学习与研究》2021年第9期）

在保障国家能源安全中展现中国海油更大作为

中国海洋石油集团有限公司党组书记、董事长　汪东进

国有企业特别是中央企业作为中国特色社会主义的重要物质基础和政治基础，作为党执政兴国的重要支柱和依靠力量，旗帜鲜明讲政治是第一要求。作为国有能源骨干企业，中国海油肩负着保障国家能源安全的重要使命，企业领导干部要自觉在提高政治判断力、政治领悟力、政治执行力上当标杆作表率，团结带领广大员工坚决贯彻落实党中央重大决策部署，全方位增强企业竞争力、创新力、控制力、影响力和抗风险能力，在保障国家能源安全中展现更大作为。

提高政治判断力，深刻认识保障国家能源安全的重大意义

提高政治判断力，关键要心明眼亮，在重大问题和关键环节上头脑特别清醒、眼睛特别明亮，在任何时候任何情况下都做到政治立场不移、政治方向不偏。2014年，习近平总书记在中央财经领导小组第六次会议上提出“四个革命、一个合作”能源安全新战略；2018年，习近平总书记对保障国家能源安全作出了重要指示。中国海油迅速行动、积极动员，启动实施“七年行动计划”，全力推动国内油气增储上产，“十三五”期间油气产量保持较快增长，累计生产原油、天然气较“十二五”期间分别增长

24%和13%，有效发挥了油气增储上产主力军作用。2020年，公司国内原油增产240万吨，占全国原油增量的80%。作为我国海上最大油气生产商，中国海油有责任、有义务、有决心、有能力为保障国家能源安全作出更大贡献。

提高政治判断力，内在包含着科学把握形势变化、精准识别现象本质、清醒明辨行为是非、有效抵御风险挑战等多重意蕴。中国海油党组班子将牢牢抓住用习近平新时代中国特色社会主义思想武装头脑这一根本，带头做头脑清醒的“明白人”。当前和今后一个时期，重点要把学习宣传贯彻党的十九届五中全会精神作为重要政治任务，按照把握新发展阶段、贯彻新发展理念、构建新发展格局的要求，准确识变、科学应变、主动求变。一方面，要立足国内大循环，主动对接国家重大发展战略、区域协调发展战略，加快产业布局优化和结构调整，推动产业链供应链优化升级，在做强做优油气主业、巩固提升基本盘的同时，积极探索在新能源、绿色环保、深海技术等领域培育新的增长点。另一方面，要积极参与国内国际双循环，聚焦“一带一路”拓展海外业务，完善全球资产布局，健全海外业务管理体系，提高海外业务质量效益，助力共建“一带一路”高质量发展。

提高政治领悟力，准确把握保障国家能源安全的实践要求

提高政治领悟力，首先要扎扎实实抓好理论学习，在学深悟透和融会贯通中深入理解习近平新时代中国特色社会主义思想和党中央大政方针，增强贯彻落实习近平新时代中国特色社会主义思想的自觉性和坚定性。中国海油以建立党组织会议“第一议题”常态化学习机制、党员干部教育培训“第一课程”机制为抓手，把传达学习习近平总书记最新重要讲话精神、重要指示批示精神、重要理论文章，以及党中央召开新的重要会议、出台新的重要文件精神作为党组织会议的“第一议题”，以“第一议题”

学习带动“第一行动”落实。“十三五”时期，深入贯彻落实“海洋强国”战略，自营开发建设流花16-2油田群、陵水17-2深水气田，深海油气勘探开发能力大幅提升；积极践行“一带一路”倡议，“一带一路”地区油气产量占海外油气总量比例提升至近40%；主动融入国家区域发展战略，签署29个战略合作协议；持续提升清洁能源保障能力，2020年天然气供应市场量在全国占比提高到18%以上，为“美丽中国”建设作出积极贡献。未来，中国海油党组将继续跟进学习、深入领悟习近平总书记最新重要讲话和重要指示批示精神，以政治站位和思想觉悟的全面提升更好履行党和国家赋予的责任使命。

提高政治领悟力，还要善于把握事物内在联系，主动顺应事物发展趋势，把主观认识同客观实际结合起来，使思路、规划、举措符合客观规律、符合科学精神。中国海油将着眼用新发展理念指导企业实践，着重把握和处理好“四个关系”：一是把握和处理好聚焦主业与培育新产业的关系。既要立足当前，扎实推进国内油气增储上产“七年行动计划”，形成可持续发展新优势，也要着眼长远，加快研究中国海油“碳达峰、碳中和”目标实现方法与路径，加大新能源新产业新业态培育力度，夯实可持续发展后劲。二是把握和处理好自主创新与开放合作的关系。既要全面增强科技自主创新能力，坚持“整合资源、突出重点、支撑发展、建成特色”原则，围绕油气勘探开发、能源转型、炼油化工、数字化及装备国产化等五大领域实施科技攻关工程，也要明确自主创新不是“关门搞创新”，采取更加开放的心态充分整合利用各类社会资源，培育海油特色创新生态圈。三是把握和处理好改革与稳定的关系。既要坚持市场化改革方向不动摇，扎实推动企业体制机制深层次变革，也要保持稳定，始终坚持以人民为中心的发展思想，使改革发展成果与员工、社会共享。四是把握和处理好发展与安全的关系。既要把发展作为破解突出矛盾和问题的根本路径，全力推动企业高质量发展，也要强化底线思维，牢牢守住不发生系统性风险的底线。

提高政治执行力，坚决扛起保障国家能源安全的政治责任

提高政治执行力，最紧要的是在践行“两个维护”上见态度、见行动、见效果。中国海油始终把做到“两个维护”作为首要的政治原则，“十三五”时期，面对两轮“低油价”严重冲击叠加新冠肺炎疫情深刻影响，坚持不懈用习近平新时代中国特色社会主义思想统一思想和行动，对习近平总书记重要指示批示精神和党中央重大决策部署坚决贯彻落实，把企业发展战略融入党和国家工作大局，研究确定“1534”总体发展思路，锚定建设中国特色国际一流能源公司这一目标，实施创新驱动、国际化发展、绿色低碳、市场引领、人才兴企五个战略，发挥技术攻关先锋队、油气增储上产主力军、国民经济稳增长“压舱石”“稳定器”三个作用，推进从常规油气向非常规油气、从传统能源向新能源、从海上向陆上、从传统管理模式向现代化数字化智能化管理的四个跨越，企业整体实力和影响力稳步提升，2020年首次进入世界品牌500强和普氏全球能源企业250强前10位，连续16年获评国资委中央企业经营业绩考核“A”级。未来，中国海油将继续把“两个维护”贯彻到企业生产经营改革发展的全过程各方面，在构建新发展格局中勇于实践积极作为，持续推进企业高质量发展迈上新台阶。

提高政治执行力，还要善于用全面、辩证、长远的眼光分析形势，不断增强战略性、系统性思维，在把握战略全局中推进各项工作，在坚持系统观念中谋求战略突破。奋斗“十四五”、奋进新征程，中国海油将从正在开展的党史学习教育中不断汲取信仰的力量、奋斗的力量、人民的力量、创新的力量，以国企改革三年行动和对标世界一流管理提升行动为契

机，在“五个争当”上继续前行。一是争当海洋能源开发领军者。积极践行“海洋强国”战略，发挥好海洋油气勘探开发和专业服务支持一体化优势，持续加大海洋能源资源开发力度，积极助力我国海洋经济和海洋产业转型提质升级。二是争当能源绿色低碳转型生力军。积极践行国家碳达峰、碳中和战略部署，发挥好企业在油气勘探开发和炼油化工生产中节能减排的重要作用，发挥好LNG（液化天然气）产业先发布局优势以及海洋新能源开发优势，加快绿色低碳转型。三是争当全面深化改革创新先锋队。积极践行党中央深化国企改革和加强科技创新的决策部署，以全面深化改革为突破路径，以科技自立自强为奋斗方向，努力成为深化改革和创新发展的表率。四是争当国家对外扩大开放新窗口。积极践行国家扩大开放重大决策部署，发挥企业对外开放的比较优势，全面深化国内油气全产业链合作，积极参与“一带一路”国际油气合作，努力成为国家新一轮对外扩大开放合作的窗口。五是争当央企稳增长顶梁柱。积极落实稳中求进的工作总基调和国民经济稳增长工作要求，继续保持企业收入利润和全员劳动生产率指标稳步增长，努力实现经营业绩和贡献居于央企前列。

（本文刊于《学习时报》2021年5月17日04版）

深入贯彻新时代党的组织路线 引领和促进国有企业高质量发展

中国海洋石油集团有限公司党组书记、董事长　汪东进

习近平总书记指出，“新时代党的组织路线为加强党的组织建设提供了科学遵循，为增强党的创造力、凝聚力、战斗力提供了重要保证”。国有企业贯彻落实新时代党的组织路线，必须从夯实中国特色社会主义的物质基础和政治基础、巩固党的执政地位的高度来认识，准确把握新时代党的组织路线的内在要求，立足国有企业肩负的使命责任，突出政治建设，加强理论武装，强化组织体系，建强干部队伍，完善制度保障，引领和促进国有企业高质量发展。

突出政治建设，忠实履行国有企业肩负的重大责任

习近平总书记指出，“加强党的组织建设，根本目的是坚持和加强党的全面领导，为推进中国特色社会主义事业提供坚强保证”。国有企业是中国特色社会主义的重要物质基础和政治基础，是我们党执政兴国的重要支柱和依靠力量。国有企业贯彻新时代党的组织路线，首要的是坚持和加强党对国有企业的全面领导，全面履行肩负的政治责任、经济责任、社会责任，不断夯实党的执政基础。

扎实履行政治责任，努力成为党和国家最可信赖的依靠力量。公司党

组坚持将政治建设摆在公司党的建设首位，坚持组织路线为政治路线服务，确保党和国家方针政策、重大部署在中国海油贯彻执行。公司党组研究制定《关于进一步加强党的政治建设的工作措施》，教育引导公司党员、干部坚决贯彻落实习近平新时代中国特色社会主义思想，努力成为学习新思想、普及新思想、践行新思想的表率；坚决落实党对国有企业的全面领导，努力成为“两个维护”、听党话跟党走的表率；坚决履行“在经济领域为党工作”的使命，努力成为贯彻落实党中央决策部署的表率；坚决贯彻落实新发展理念，努力成为展现新作为、建功新时代的表率。面对突如其来的新冠肺炎疫情，公司党组教育引导党员干部牢记第一职责是为党工作，充分发挥基层党组织政治功能和组织功能，加强组织领导，统筹推进疫情防控和生产经营工作，做到关键时刻听指挥、拉得出，危急关头冲得上、打得赢，公司党员干部队伍在困难中经受了考验，在斗争中砥砺了锐气，除湖北地区外，全集团海上、陆上和国内、国外没有发生中方员工确诊病例，国内春节期间和抗疫斗争中公司海上120多个生产作业平台都坚持正常生产。

扎实履行经济责任，努力发挥中国特色社会主义经济“顶梁柱”作用。坚持服务生产经营不偏离是国有企业党组织工作的出发点和落脚点。国有企业贯彻落实新时代党的组织路线，必须坚持“围绕中心、服务大局”，以企业改革发展成果检验党组织工作成效。公司党组坚持把公司发展战略融入党和国家工作大局，认真贯彻落实习近平总书记关于“四个革命、一个合作”能源安全新战略等重要指示批示，紧盯建设中国特色国际一流能源公司发展目标，大力推进创新驱动、国际化发展、绿色低碳、市场引领、人才兴企“五个战略”，努力发挥争做油气增储上产主力军、“卡脖子”技术攻关先锋队、国民经济稳增长“压舱石”“稳定器”的“三个作用”，扎实推进从常规油气向非常规油气、从传统能源向新能源、从海上向陆上、从传统管理模式向现代化、数字化、智能化“四个跨越”，确立公司“1534”总体工作思路，企业治理水平显著提升，管理能力不断增强。今年以来，面对新冠肺炎疫情和国际油价大幅下跌双重挑战，公司各级党组织组织党员、干部坚定信心，攻坚克难，咬定国内油气增储上产目标不动摇，把对党忠诚落实到保障国家能源安全的责任使命上，上半年油气勘探完成全年70%的储量任务，公司国内原油产量增幅占全国总增量的80%左右。

扎实履行社会责任，将人民群众对美好生活的向往作为奋斗目标。党的组织建设关乎党的性质、宗旨和初心，贯彻落实新时代党的组织路线，必须坚持党性原则，深怀为民情怀，将人民利益放在首位。公司坚持以人民为中心的发展思想，着力提供丰富优质的产品和服务造福社会；牢固树立安全发展理念，在发展中努力维护人民群众和广大职工生命财产安全；坚持绿色发展理念，积极探索低碳生产方式，积极发展新能源产业，致力建设环境友好型企业；集中资源扶贫纾困，积极参与公益事业。新冠肺炎疫情发生以来，公司坚决贯彻党中央各项决策部署，全力组织疫情重点地区油气保供，以最快时间建成防护物资生产线，组织广大员工捐款捐物，以实际行动展现了国有企业的情怀和担当。

加强理论武装，筑牢引领企业健康发展的思想根基

注重思想建党、理论强党是我们党的鲜明特色，是保证全党步调一致的前提。加强党的组织建设，必须用马克思主义中国化最新成果统一思想、统一意志、统一行动，筑牢信仰之基、补足精神之钙、把稳思想之舵，结合新的实际推进改革创新，把党的创新理论转化为促进发展的实践力量。

坚持“两学一做”常态化，不断增强思想认同、理性认同、情感认

同。公司党组坚持做习近平新时代中国特色社会主义思想的坚定笃信者和笃行者，以理论上的清醒保证政治上的坚定、思想上的统一和行动上的自觉。坚持把学懂弄通做实习近平新时代中国特色社会主义思想作为根本政治任务，通过中心组学习、举办读书班、集中交流研讨等方式，深学细悟、研机析理，努力提高学思用贯通、知信行统一能力，完善贯彻落实保障机制。党组全面对标对表习近平总书记重要论述，从思想观念、实践要求、工作作风等方面深查细照、深思笃行，雷厉风行地把习近平总书记重要指示批示和党中央决策部署贯彻落实到位。

坚持"第一议题"学习机制常态化，努力做到及时跟进学、联系实际学。在扎实组织好党组理论学习中心组学习的同时，党组建立党组会议"第一议题"常态化学习机制、党员干部教育培训"第一堂课"机制，把传达学习习近平总书记最新重要讲话、重要指示批示精神、重要理论文章，以及党中央召开新的重要会议、出台新的重要文件作为党组会议的"第一议题"、干部教育培训的"第一堂课"，确保习近平总书记重要讲话和指示批示精神在中国海油第一时间学习贯彻，将"两个维护"的政治忠诚落实到坚决贯彻落实习近平总书记重要指示批示精神和党中央重大决策部署上，推动学习往深里走、往实里走。

坚持理论联系实际学风，将学习成效转化为推进发展的实践力量。公司党组坚持把习近平新时代中国特色社会主义思想贯穿于想问题、作决策、干工作全过程，努力从党的创新理论中寻找推动工作、解决问题的"金钥匙"。今年以来，全球石油工业遭遇油价暴跌"黑天鹅"，公司党组坚持从学习贯彻习近平新时代中国特色社会主义思想中找思路、想方法、寻答案，在全系统开展"学理论、强担当、克难关"活动，用战略思维把握发展大势，用辩证思维看待机遇挑战，用历史思维找准应对举措，用底线思维抓好各项工作，把低油价压力转化为深化改革创新、破解发展瓶颈的动力，积极应对极低油价挑战，大力开展降本提质增效工作，公司经营业绩在国际国内油气行业中保持较好水平。

强化组织体系建设，充分发挥国有企业政治优势

习近平总书记指出，“党的力量来自组织。党的全面领导、党的全部工作要靠党的坚强组织体系去实现”。中国海油党组高度重视、强力推进公司党的组织体系建设，将国有企业的政治优势转化为企业的发展优势和竞争优势，为做强做优做大国有企业提供坚强组织保证。

建设坚强有力的党组，充分发挥“把方向、管大局、保落实”作用。公司党组坚持突出政治建设加强自身建设，恪守政治忠诚，强化理论武装，严守政治纪律，锤炼严实作风，确保党组一班人政治上思想上行动上以身作则、以上率下，发挥“头雁”效应。党组制定各项制度规定、落实各项纪律要求，对党组组成人员都提出更高标准更高要求，确保党组在守纪律、讲规矩、履行管党治党政治责任等方面为集团各级党组织和党员、干部立标杆、作表率。党组坚持民主集中制原则，按照“集体领导、民主集中、个别酝酿、会议决定”要求，完善“三重一大”决策体系和决策程序，坚持依法治企、依规治企，坚持用法治思维管理企业，确保党组成为忠实履责的坚强集体。

建设有战斗力的基层组织，推进党建与生产经营深度有效融合。基层组织建设是党的全部工作和战斗力基础。公司党组坚持大抓基层的鲜明导向，以着力推进党建与生产经营深度有效融合为工作的切入点，以组织力提升“有形化”为抓手，按照“责任可知、形象可视、行为可感、绩效可考、失效可察、失责可究”工作思路，把“软指标”变为“硬约束”，促使基层组织功能的发挥深入改革发展、深入生产经营、深入党员群众，充分发挥基层党组织联系群众的桥梁和纽带作用，努力将基层党组织建设成为团结群众的核心、教育党员的学校、攻坚克难的堡垒。各支部围绕中心

任务、重大项目和重点工程，持续开展党员责任区、示范岗、先锋队创建活动，党员、干部努力当先锋、作表率，为企业改革发展注入强大动力。

开展“支部达标”活动，提升基层组织工作质量和水平。为加强公司基层党组织建设，充分发挥支部战斗堡垒作用，公司党组在全系统组织开展“党支部达标”活动，将党支部所必须具备的基本要求具体化为“支部设置、支部管理、党员管理”等基础指标，明确党支部设置标准、支委配备要求、“三会一课”、组织生活会和民主评议党员要求等，将全面从严治党落实到每个支部、每名党员，推动全系统形成大抓基层、大抓支部的鲜明导向和良好态势，提升了支部建设标准化水平。通过活动的开展，基层组织行为进一步规范，战斗堡垒作用不断增强，党建与生产经营的有机融合持续深化，探索出了一套高质量建设基层党组织的“海油方案”。

建强干部队伍，着力培养党在经济领域的执政骨干

习近平总书记指出，“贯彻新时代党的组织路线，建设忠诚干净担当的高素质干部队伍是关键”。中国海油党组系统推进干部工作体系建设，着力建设高素质专业化国有企业干部队伍，取得扎实成效。

坚持党管干部原则，严把干部工作正确的政治方向。公司党组坚持党管干部原则，将“对党忠诚、勇于创新、治企有方、兴企有为、清正廉洁”20字标准和要求，深化落实到选拔、任用、培养、考核、激励各方面各环节。突出干部选用的政治标准，严把政治关、廉洁关、形象关，同时紧扣任事担当、开拓进取等能力标准，使想干事者有机会、能干事者有舞台、干成事者有位置；坚持正确的选人用人导向，匡正选人用人风气，打造能上能下、能进能出的选用机制，打造系统完备的选拔任用工作规程，严格整治选人用人方面的不正之风，坚决纠正投机钻营等不良现象，坚决杜绝选人用人上的腐败。

实施体系化建设工程，全面优化干部队伍结构。公司党组着眼于建设中国特色国际一流能源公司的战略需要，研究制定《中国海油高素质干部队伍建设工程实施方案》《中国海油专业化人才队伍建设工程实施方案》《中国海油优秀年轻干部队伍建设工程实施方案》《中国海油国际化人才队伍建设工程实施方案》干部人才队伍建设“3+1”工程实施方案，引导公司干部队伍建设和人才队伍建设。坚持结构科学、人岗相适原则，坚持全面优化干部队伍结构，立足集团公司未来高质量发展需要，建强配齐各级领导班子，加强干部储备，把事业需要、岗位要求和激励担当结合起来，做到人岗相适、人事相宜，为建设中国特色国际一流能源公司打造素质过硬、作风优良、结构合理的干部队伍。

突出战略培养，提高胜任企业发展要求的治理能力。习近平总书记指出，“要把提高治理能力作为新时代干部队伍建设的重大任务”。公司党组坚持把干部队伍的政治素质要求摆在首位，定期举办领导干部专题理论培训班，推动干部提升理论素养、加强党性锻炼、锤炼过硬作风，提高“政治胜任力”；围绕公司总体发展战略、核心业务和增储上产中心工作组织开展务实管用的专题培训，提升“专业胜任力”；立足公司发展面临的内外部环境，完善符合时代要求的管理人员知识体系，量身定制企业管理提升课程，夯实“管理胜任力”；明确干部交流任职条件，将基层工作经历作为职务晋升的硬杠杆，大力推动总部与基层的干部交流任职，增强“领导胜任力”；加强对公司各级领导人员的党性教育、宗旨教育、警示教育，严明政治纪律和政治规矩，引导他们不断增强党性修养，从思想深处拧紧螺丝，锤炼“作风胜任力”。

夯实制度保障，落实全面从严治党主体责任

党的十九届四中全会把健全维护党的集中统一的组织制度作为坚持和

完善党的领导制度体系的重要内容，纳入国家制度和国家治理体系。公司党组高度重视组织制度体系的构建，及时将党内组织法规和中央提出的要求具体化，严格制度执行，组织建设制度化、规范化、科学化水平不断提高。

健全党对国有企业全面领导的制度。认真落实两个“一以贯之”要求，及时修订公司章程，大力推进以加强党的领导为根本为灵魂的中国特色现代国有企业制度建设，推进党的领导与公司治理深度融合，完善企业党组发挥“把方向、管大局、保落实”重要作用制度机制。完善坚定维护党中央权威和集中统一领导的各项制度，研究制定中国海油党组《进一步加强党的政治建设的工作措施》《贯彻落实中国共产党重大事项请示报告条例工作措施》《中国海油不忘初心、牢记使命制度》《落实全面从严治党主体责任规定》《学习贯彻国有企业基层组织工作条例工作方案》，规范各级党组织党内政治生活制度，严肃党内政治生活，严明政治纪律和政治规矩。落实民主集中制原则，修订党组工作规则和“三重一大”决策管理办法，完善决策流程和决策机制，切实加强党对公司改革发展和党的建设的领导。

健全国有企业党组织基本工作制度。结合国有企业改革发展和党的建设面临的新形势，公司党组及时修订《党委工作手册》《支部工作手册》，着力健全组织建设制度体系。突出“四同步”“四对接”，确保企业发展到哪里、组织建设就跟进到哪里，着力健全组织设置制度；突出党内政治生活的政治性、时代性、原则性、战斗性，把加强和规范党内政治生活各项任务落到实处，着力健全组织生活制度；突出发挥基层党组织政治功能、提高组织力，大力推进党的建设与公司改革发展和生产经营深度有效融合，着力健全组织运行制度；突出加强党员日常管理、严格执行党的纪律、加强党内民主，着力健全组织管理制度；突出落实全面从严治党责任，强化政治监督，坚决反对“四风”；对管权管事管人关键岗位及工作环节，着力健全组织监督制度，努力构建统一归口、责任明晰、有机衔接的组织建设制度体系。

健全国有企业党组织工作重要保障制度。公司党组认真落实中央企业党建工作责任制实施办法和党建工作责任制考核评价暂行办法，完善加强企业党组织工作保障制度，制定中国海油党建工作责任制实施细则和考评办法，明确包括组织建设在内的党的建设责任体系，激发各级组织抓党建强党建的内生动力和责任担当；全面推行党组织书记抓基层党建述职评议考核，强化考核结果运用，推动党建责任落实落地。公司党组狠抓制度的执行落实，带动全体党员干部自觉遵从制度、严格执行制度、坚决维护制度。加强对制度执行的监督，把落实制度情况作为巡视巡察的重要内容、衡量党的政治建设的重要标尺、考察干部政治能力的重要方面，对破坏制度的行为，严肃追责问责，坚决维护制度权威。

（本文刊于《学习与研究》2020年第9期）

增强爱国情怀
践行企业家精神

中国海洋石油集团有限公司党组书记、董事长　汪东进

习近平总书记在企业家座谈会上就弘扬企业家精神提出五点希望，为企业家精神注入新内涵，体现了党中央对企业健康发展和企业家健康成长的高度重视和殷切期望。作为国有企业领导人员，必须认真学习习近平总书记关于弘扬企业家精神的重要论述，积极践行企业家精神，在爱国、创新、诚信、责任和视野等方面不断提升自己，带领企业奋力拼搏、力争一流，为中国经济社会发展持续贡献力量。

增强爱国情怀，以高度政治自觉践行“我为祖国献石油”

国家好，民族好，大家才会好。爱国是近代以来我国优秀企业家一以贯之的光荣传统，是企业家精神永恒不变的鲜明底色。爱国从来不是空洞的口号，而是脚踏实地的行动。对中国海洋石油集团有限公司党组来说，就是要坚持以能源报国为己任，深入推进“四个革命、一个合作”能源安全新战略，加大国内油气勘探开发力度，保障国家能源安全，以实际行动践行“我为祖国献石油”的使命与担当，用发展佳绩诠释爱国情怀。

中国海油党组坚决贯彻落实习近平总书记重要批示精神，勇挑重担，争当国内油气增储上产主力军。2019年公司生产油气总产量10706万吨

油当量，创历史新高，国内原油增量占全国增量比例55%。在国际油价比上年下降10.5%的情况下，2019年中国海油实现营业收入7509亿元，利润总额1042亿元，净利润745亿元，主要业绩指标排名位居央企前列，连续16年获评国资委中央企业经营业绩考核“A”级。今年上半年，面对疫情防控和极低油价双重挑战，我们扭住国内油气增储上产目标不放松，实现国内原油增量占全国的80%左右。未来，我们将坚持把爱国之情融入报国之行，持续加大国内油气增储上产力度，推进实现从常规油气向非常规油气、从传统能源向新能源、从海上向陆上、从传统管理模式向现代化数字化智能化的“四个跨越”，为保障国家能源安全贡献更大力量。

勇于开拓创新，以更大探索步伐践行新发展理念

创新是引领发展的第一动力，弘扬企业家精神，就要勇于创新。我国海洋石油工业的发展史，就是一部创新史，每一次重大技术的突破，都带来了生产力的飞跃，促进了公司油气产量的快速增长和经济效益的迅速提高。中国海油党组深刻认识到，创新是第一动力，必须坚持以新发展理念为引领，推动公司从依靠速度、规模和要素驱动向创新驱动转变，并把创新驱动战略列为集团公司“五大战略”之首，为公司持续发展提供内生动力。

中国海油党组大力实施科技创新、管理创新和商业模式创新，持续提升企业核心竞争力与可持续发展能力。持续加大科技投入，推动数字化转型，强化基础前瞻性研究。2019年在渤海发现探明地质储量千亿方大型凝析气田，今年在渤海莱州湾北部地区发现首个亿吨级大型油田，“渤海湾盆地深层大型整装凝析气田勘探理论技术与重大发现”荣获2019年国家科技进步一等奖。强化生产组织管理创新，深入推进勘探开发一体化、工程建设标准化等业界优秀实践，持续向管理要效益。挖掘商业模式创新

潜力，搭建电商平台“海油商城”，依托现有业态创新合作运营模式。未来，我们将顺应能源生产和消费革命的新变化，抓住新一轮科技革命数字化、网络化、智能化融合发展为油气产业带来的新契机，践行新发展理念，通过创新推进能源利用清洁化、低碳化和高效化的能源转型，实现我国海洋石油工业在新时代的高质量发展。

坚持诚信守法，以严格制度规定践行依法治企

诚信与法治互为表里，相辅相成，密不可分。40多年来，海洋石油工业从无到有、从小到大、从弱到强的发展历程，充分得益于党的坚强领导和国家制度的优越性，这是我们坚定信心、坚定自信、接续奋斗的强大动力。

中国海油党组坚持做依法治企、诚实守信的合规经营者，着力营造坚定中国特色社会主义制度自信的浓厚氛围。今年，集团公司制定下发合规管理规定、员工诚信合规手册，发出“合规创造价值、合规始于行动”的合规倡议，展示出中国海油打造诚信合规法治化营商环境的坚定决心。推进党的领导与公司治理深度融合，坚持集团党组“把方向、管大局、保落实”与董事会“定战略、作决策、防风险”作用有机统一。不断加强信息披露与运营透明度建设。围绕海外经营、投资决策等高风险领域开展专项审计，促进公司合规运营与战略落地。坚决反对各种形式的违规行为，各级领导人员恪尽职守、公平廉洁。法律风险防范机制、法律顾问制度和法律工作体系建设不断深化，合规管理能力和依法治企能力不断提升。未来，我们将进一步构建系统完善、科学规范、运行顺畅、简洁高效的制度体系，增强依法治企、依规治企水平。带领广大员工提高法治意识、涵养契约精神、强化守约观念，作诚信守法的央企表率，努力构建系统完备、科学规范、运行有效的公司治理制度体系，为实现国有资产保值增值提供坚实的法治保障。

承担社会责任，以实际行动践行央企使命担当

企业是社会的企业，央企是肩负国家意志和国家利益的经济活动主体。弘扬企业家精神，要植入以国家兴旺为己任的情怀与志向，主动为国担当、为国分忧，为中国经济塑造更为强大的内核，满足人民对美好生活的向往。对于中国海油党组来说，要努力发挥央企“稳定器”“压舱石”作用，积极投身国家重大战略，不断履行能源技术变革、重大灾害疫情保障供应、高校和社会就业支撑、助力脱贫攻坚等社会责任。

过去30多年，中国海油始终致力于构建清洁、绿色、低碳的能源产业链，持续满足全社会日益增长的高品质能源需求。在应对新冠肺炎疫情与低油价双重挑战中，以战时状态，满负荷生产抗疫物资原料超6万吨；紧急捐赠84消毒液近700吨、口罩130余万只，防护服、护目镜等防护设备4万多套，捐款6000余万元。2020年中国海油投入扶贫资金上亿元，上半年承担定点扶贫与对口支援任务的6个县全部脱贫摘帽；积极响应国务院国资委号召，为央企扶贫基金出资16亿元。2020年毕业生招聘数量增长68%，其中签约贫困大学生264人；专项招聘贫困农民工208人，在全力稳就业保民生、保产业链供应链稳定中，积极发挥作用。未来，我们将坚持以人民为中心的发展思想，围绕做好“六稳”工作、落实“六保”任务，努力发挥央企“顶梁柱”作用；以保障国家能源安全和建设环境友好型社会为己任，大力推进生态环保管理长效机制建设。在切实抓好常态化疫情防控的基础上，为确保完成决胜全面建成小康社会、决战脱贫攻坚目标任务传递海油责任，彰显国有实体经济对社会的应有贡献。

拓展国际视野，以全球竞争力践行“走出去”

国际视野的格局，是立足于构建“人类命运共同体”伟大实践，以开

放、开明的姿态和胸襟让世界认识中国。“立足中国”，提升关键领域核心技术装备新优势，“放眼世界”，致力于打造国际化的品牌和影响力。只有不断拓展国际合作的广度和深度，才能深度融入国际体系，深度参与全球产业链价值链重塑，为后疫情时代的中国与世界经济包容性增长贡献中国海油力量。

20多年来，中国海油已基本完成全球资产布局，遍及亚洲、非洲、北美洲、南美洲、大洋洲和欧洲等40多个国家和地区。近年来，中国海油党组加大“一带一路”油气合作，坚持国际化发展，不断提升油气资源供应能力，强化安全合规运营，优化海外用工体系，带动当地共同发展，以自身实践探索出国际能源合作新路径，成为落实“一带一路”倡议的重要力量。未来，我们将以新的历史方位为坐标，积极应对全球地缘政治博弈加剧的挑战，在保障国家能源安全上展现新作为；积极应对能源行业变革加速的挑战，在推动国际化发展上展现新作为；积极践行“一带一路”倡议，在加强沿线及周边国家油气项目战略储备上展现新作为。优化全球资产布局，健全海外业务管理体系，持续练就国际市场开拓和风险识别的过硬本领，在更高水平的对外开放中实现更好发展，在促进国内国际双循环，推动形成全面开放新格局、构建人类命运共同体的新的伟大实践中作出重要贡献。

（本文刊于《学习时报》2020年8月31日04版）

坚持“三大目标”不动摇
发挥“三大作用”不松劲

中国海洋石油集团有限公司党组书记、董事长　汪东进

习近平总书记指出，要使国有企业成为壮大综合国力、促进经济社会发展、保障和改善民生的重要力量。当前，国际疫情持续蔓延，世界经济下行风险加剧，不稳定不确定因素显著增多，我国经济发展面临的困难加大。同时，国际油价“断崖式”下跌，给能源企业生产经营带来严峻挑战。面对疫情防控、稳定经济增长和应对低油价挑战三重考验，中国海油党组增强“四个意识”，坚定“四个自信”，做到“两个维护”，坚决贯彻落实以习近平同志为核心的党中央决策部署，坚持国内油气增储上产、助力决战决胜脱贫攻坚、促进公司高质量发展三大目标不动摇，发挥油气上产的“主力军”、央企履行社会责任的“先锋队”和国民经济稳增长的“稳定器”三大作用不放松，充分发挥经济社会发展顶梁柱作用。

积极防控疫情，坚持油气增储上产目标不动摇，争做国内油气上产的“主力军”

加大国内油气资源勘探开发力度，是保障能源安全的现实需要。中国海油党组深入推进“四个革命、一个合作”能源安全新战略，牢记“我为祖国献石油”的职责，制订实施国内油气增储上产“七年行动计划”。公

司提出到2025年探明储量翻一番，明确2025年公司国内原油比2018年增长1100万吨的产量目标。2019年，中国海油国内近海探井、三维地震采集均创历史新高，油气产量创历史最高水平，原油增量占全国增量的55%。

新冠肺炎疫情发生后，中国海油党组深入学习领会习近平总书记重要讲话精神，牢牢把握中央企业履职尽责，全力推动复工复产事关为疫情防控提供有力物质保障、事关民生保障和社会稳定、事关实现全年经济社会发展目标任务、事关全面建成小康社会和完成“十三五”规划这一内在逻辑，以坚定的政治自觉抓好抗击疫情、物资保供和复工复产各项任务。

中国海油充分发挥国企政治优势，建立完善坚强有力、运转高效的领导指挥体系、预防控制体系和监督管理体系，努力实现人员摸查统计、重点领域防控措施、防控人员范围、防控动员宣传教育以及疫情防控实时报告“五个全覆盖”。根据疫情防控新形势新变化，统筹国内和海外疫情防控工作，突出抓好海外项目疫情防控和防止海外疫情输入工作。

中国海油坚决贯彻扩大产能或转产应对重点医疗物资紧缺局面的要求，努力践行保障防疫物资央企担当。公司满负荷生产可用作消毒剂容器和医用包装生产原料的聚丙烯和聚乙烯产品超过6万吨；从“零”开始打通口罩生产链，加快推进生产线建设，扩大熔喷布产能，投产8条生产线，日产口罩达30万只；克服物资紧张等重重困难，紧急筹措，累计向湖北、武汉及其他重点防控地区捐赠各类口罩90余万只，防护服2.1万余套，正压头罩65套，消毒液660余吨，捐款6000余万元。

在确保做好疫情防控前提下，中国海油扭住国内原油增产目标不放松。春节和疫情期间，国内120余个在产海上油气田全部正常生产，海上钻井、陆地建造齐动工，上游油气生产单位14个产能建设项目全部开工。公司一季度生产原油、天然气分别同比增长6.8%和8.1%。

积极应对经济下行压力，坚定助力决战决胜脱贫攻坚目标不动摇，争当央企履行社会责任的“先锋队”

习近平总书记强调，要以更大决心、更强力度推进脱贫攻坚，坚决克服新冠肺炎疫情影响，坚决夺取脱贫攻坚战全面胜利。中国海油党组坚定助力决战决胜脱贫攻坚目标不动摇，以扶贫工作的更好成效履行社会责任。

中国海油党组把扶贫工作作为重要政治任务抓紧抓实，坚持“解困、扶本、造血，建立长效机制”工作原则，以深度贫困地区脱贫攻坚为重点，以贫困地区人民为中心，以提高脱贫攻坚实效为导向，扎实推进定点扶贫工作。从1995年承担定点扶贫任务以来，中国海油累计投入帮扶资金超6.4亿元，有效改善了定点扶贫地区人民生产生活条件，促进了当地经济社会发展。2019年，公司投入扶贫援藏资金超过9000万元，实施项目32个。2020年3月，中国海油对口帮扶的6个县市（甘肃夏河县、合作市，内蒙古卓资县，海南保亭县、五指山市，西藏尼玛县）全部实现脱贫摘帽。公司在中央单位定点扶贫工作考核中连续两年被评为“好”，为打赢脱贫攻坚战作出了央企的积极贡献。

中国海油严格落实脱贫攻坚“四不摘”要求，总结前期对口帮扶地区脱贫摘帽的成功经验，采取更加积极有效的措施，加大产业扶贫、教育扶贫、消费扶贫、旅游扶贫等支持力度，积极巩固脱贫成果。公司支持配合帮扶县市做好疫情防控与复工复产工作，向对口帮扶地区捐赠84消毒液101吨，努力将疫情影响降到最低，防止因疫致贫、因疫返贫。

中国海油把就业扶贫作为脱贫攻坚的有力抓手，打好“扩招”“稳岗”“培训”组合拳。调增高校毕业生招聘指标，年度计划引进人数较2019年增加58%，新增就业岗位向对口扶贫地区、湖北地区倾斜；增加扶贫县贫困农民工专项招聘计划，定向对口扶贫六县市的毕业生招聘计划较去年增长4.2倍；第一时间推动甘南州扶贫车间复工复产，最大限度减少疫情对生产的影响；投入专项资金，支持西藏尼玛县14个乡镇保洁员就业项目；通过“公司+合作社（企业）+基地+农户”的经营模式，累计解决内蒙古卓资县就业1371人次，人均增收2220元；依托当地特色，组织农村电商、旅游管理、有机产品认证、农村专业合作社管理与运营、医疗卫生等多种技能培训，在扩招与稳岗的基础上，提升帮扶地群众就业技能。

积极应对低油价冲击，坚定高质量发展目标不动摇，争做国民经济稳增长的“稳定器”

习近平总书记强调，面对严峻复杂的国际疫情和世界经济形势，要做好较长时间应对外部环境变化的思想准备和工作准备。2020年3月以来，受疫情冲击等多种因素影响，国际油价“断崖式”下跌，给中国海油生产经营带来严峻挑战。面对疫情和油价下跌的双重影响，中国海油党组牢记“在经济领域为党工作”的责任，坚定高质量发展目标不动摇，以提质增效的实际成效争做国民经济稳增长的“稳定器”。

中国海油党组高度重视低油价给公司生产经营带来的挑战，坚持底线思维，做好长期应对低油价的充分准备，以非常规措施协同攻坚。党组以“坚定信心、精准施策、开源节流、降本增效”为总原则，通过分解目标任务、出台支持性政策、建立激励约束机制、强化履职考核和责任追究等手段，引导全体干部员工把降本提质增效的责任扛在肩上，向改革要效益，向管理要效益，向市场要效益，向创新要效益，向安全要效益。党组提出，要奋力打赢应对低油价挑战攻坚战，完善治理体系，提高治理能力，努力实现经济效益稳定增长、运行效率稳步提升、资本回报稳中有进、各类风险平稳受控，保持低成本优势，牢牢把握生存发展主动权。

同时，党组保持战略定力，坚定发展信心。党组充分认识到，尽管外部环境复杂多变，但我国建设社会主义现代化国家的总体目标没有变，今年全面建成小康社会、决战决胜脱贫攻坚的目标没有变，中国海油建设中国特色国际一流能源公司的目标也没有变。油价走势就像大海潮汐一样大起大落，有落必然有起。中国海油将着眼长远，坚持以“一个目标、五个战略、三个作用、四个跨越”的发展思路为指导，全力做好年度重点工作。年初确定的各项目标不能动摇，确定的各项任务不能放松。要把低油价压力转化为深化改革创新、破解发展瓶颈的动力，化危为机，实现新形势下的高质量发展。

公司坚持加大勘探开发力度方向不偏离。最近，中国海油在渤海获得又一重大发现，对于保障我国能源安全、稳定东部油田产量、推动京津冀协同发展具有重要意义。一季度经济效益在中央企业保持前列。

面对严峻复杂的国际疫情和世界经济形势，中国海油党组将紧密团结在以习近平同志为核心的党中央周围，加大力度统筹推进疫情防控和服务经济社会发展工作，加快推进中国特色国际一流能源公司建设，为实现决胜全面建成小康社会、决战脱贫攻坚目标任务作出更大贡献。

（本文刊于《学习时报》2020年5月6日04版）

用科学理论指导企业攻坚克难

中国海洋石油集团有限公司党组书记、董事长　汪东进

新冠肺炎疫情对经济社会发展带来较大影响，对企业生存发展造成较大冲击。国有大型骨干企业必须贯彻落实习近平总书记重要讲话、重要指示精神和党中央决策部署，坚持将学习习近平新时代中国特色社会主义思想的成果转化为推动企业发展的工作思路和实际行动，努力在融入党和国家工作大局中担当使命，在应对疫情冲击中展现作为，充分彰显党的创新理论的实践伟力。

明确应对挑战的思路方法

当前，新冠肺炎疫情正在全球蔓延，给企业生产经营带来巨大冲击和严峻挑战。中国海洋石油集团有限公司（以下简称中海油）党组坚持从学习贯彻习近平新时代中国特色社会主义思想中找思路、找方法、找答案，坚持疫情防控和生产经营“两手抓”，努力实现疫情防控和企业发展“双打赢”。

用战略思维把握发展大势。习近平总书记指出，领导干部要“善于观大势、谋大事”。中海油深入研判疫情防控给海内外业务带来的冲击，保持战略定力，坚定不移贯彻新发展理念，坚持建设中国特色国际一流公司发展目标不动摇，并根据形势发展变化及时调整公司发展战略和策略。

用辩证思维看待机遇挑战。疫情冲击直接影响企业的营业收入和利润来源，对企业正常生产经营和生存发展带来严峻挑战。但也要看到危中有机，关键是要变压力为动力、善于化危为机。我们用疫情防控的压力倒逼企业降本提质增效，更好发挥科技创新和精益管理双轮驱动作用，坚持低成本策略，努力推动公司高质量发展迈上新台阶。

用历史思维找准应对举措。了解历史、尊重历史才能更好把握当下，以史为鉴、与时俱进才能更好走向未来。历史地看，企业总是在应对各种风险挑战中发展壮大的，只要做到未雨绸缪、有效应对，就能在困难磨砺中增强发展能力。我们深入总结历次应对外部风险采取的策略，借鉴同行应对危机的经验，从成本控制、管理提升、差异化转型、政治优势转化等多方面打出“组合拳”，苦练内功，强身健体，努力增强可持续发展能力。

用底线思维抓好各项工作。习近平总书记指出：“要善于运用‘底线思维’的方法，凡事从坏处准备，努力争取最好的结果，这样才能有备无患、遇事不慌，牢牢把握主动权。”面对严峻复杂的国际疫情和世界经济形势，我们坚持底线思维，做好较长时间应对外部环境变化的思想准备和工作准备，统筹推进疫情防控和企业发展工作。坚定发展信心，深化改革创新，转变发展方式，努力通过管理降成本、科技降成本、创新降成本，走内涵挖潜、提质增效的降成本之路，严守低成本生命线，不断增强核心竞争力。

凝聚战胜困难的强大力量

越是形势复杂，越需要以科学理论为指导，把握发展大势；越是困难重重，越需要焕发精神力量，凝聚强大动力；越是挑战严峻，越需要坚定信念，树立必胜信心。

用党的创新理论统一思想、统一意志、统一行动。公司党组在全系统开展“学理论、强担当、克难关”活动，深入学习领会和贯彻落实习近平总书记在统筹推进新冠肺炎疫情防控和经济社会发展工作部署会议上的重要讲话精神，动员广大干部职工发扬斗争精神，积极主动迎接挑战，努力克服疫情影响，有序实现全面复工复产。充分发挥领导干部“关键少数”作用，以实际行动检验政治品质和能力素质，以更加务实有效的举措推动公司高质量发展。

以形势任务教育为抓手，提振信心、传导压力。把广大干部职工的思想和行动统一到习近平总书记重要讲话、重要指示精神和党中央决策部署上来，坚定信心、凝心聚力、担当作为，全力以赴攻坚克难。加强教育引导，使广大干部职工正确认识当前面临的形势任务。坚持实现企业发展目标任务不动摇，促进公司各级领导干部和广大职工在困难挑战中增长才干，提高解决实际问题的能力和本领，推动公司巩固优势、增强内功、补齐短板。

牢固树立“过紧日子”思想，扎实开展降本增效活动。把追求成本领先作为应对风险挑战的重要抓手，开源节流、苦练内功，着力提升成本管控能力，努力使公司发展基础更加坚实、抗风险能力进一步提升。集团总部与各所属单位机关带好头、作表率，努力推动管理费用较2019年下降10%以上。

多措并举提高效益，不断增强价值创造能力。坚持向技术创新、深化改革、绩效考核、优化结构、管理提升要效益。以努力获取经济可采储量为目标，优化勘探部署，提高探井成功率，降低发现成本。强化勘探开发一体化发展，优化产量结构，优化工作量安排，最大限度提高效益产量。强化价值引领，加强财务与生产有机结合，实现产供储销四轮驱动，不断提高综合效益。

（本文刊于《人民日报》2020年4月22日09版）

历史篇

解放思想
使海洋石油由崛起走向辉煌

秦文彩

1982年2月15日，中国海油在北京王府井南口一座三层小红楼挂牌成立。这是在党的十一届三中全会决定以经济建设为中心、实行改革开放政策的背景下，改革开放大潮初起时诞生的一家专门从事海洋石油对外合作的企业。历史巨轮滚滚向前，每到重要纪念日，我们都要举行庆祝活动，为的就是使一代又一代海油人继承海洋石油的优良传统，继续创造海洋石油事业新的辉煌，为国家的社会主义现代化建设作出更多贡献。

这一庆祝活动是全体海油人的荣光。全公司上下，包括在海上作业的勘探开发平台和运输船舶都应举行规模不等、不拘形式的庆祝活动。通过庆祝活动让海油人更加热爱祖国、热爱海洋石油，为国家、为人民、为“海洋强国”鼓劲加油。

此情此景总会引起我这个“老石油”“老海油”对往事的很多回忆。有次记者问我，大庆有大庆精神、铁人精神，你们海洋石油有什么精神。我稍加思考回道：“解放思想，改革开放，勇于破旧，开拓创新。”记者走后，我仔细一想，这对海洋石油开放初期是适用的。每个时期有每个时期的重点精神，为的是启发与调动广大职工的积极性。但前两句话我认为是长时间起作用的。

海洋石油如果从下海找油的时间算起，从1957年104地质队对莺歌海油气苗进行全面调查算起，已有近70年历史。如果从石油工业部1965年1月决定下海找油算起也有57年的历史了。1978年3月，党中央、国务院决策海洋石油可以利用外资、外国设备，与外国公司合作下海找油，党的十一届三中全会决定要以经济建设为中心，实行改革开放，如果从那时算起，也有44年了。

我是1978年3月参与下海找油工作的，1979年任石油工业部副部长后全力投入海洋石油事业，贯彻改革开放政策。从1978年到1981年这一时间段，做了大量的下海准备工作和试验。回忆每一次思想大解放，海洋石油就前进一大步，现在我简述一下六次思想大解放的情况。

第一次思想解放是从1965年到1977年。这一阶段应是自力更生艰苦奋斗的创业阶段，下海的一切工作都是从头做起，探索前进，钻井船、导管架怎么制造都不清楚，只能从文献资料和外国报纸上看其模样，照葫芦画瓢。从日本引进的渤海2号船舱大小不分明，船上通风口过低。渤17号井井喷，井口装置压力过小，没有飞机坪，我上船都是坐救生艇，用绞车绞上去的。压井无大泥浆泵，我调水泥车到平台上作压井用，花了七天时间才压住井喷。后来我们把不合格的钻井船都改作工程施工平台。

导管架打完探井后，移动不了，要五六个气焊工人轮流到导管内，下到海里泥面上切割，才能回收一部分钢管，太困难了。渤海还发生过因海潮淹掉曹妃甸岛上职工的所有物资，工人爬到井架上才幸存下来的事故。还有一年冬季整个渤海结冰，东北风把冰块刮到平台上，越堆越高，把平台推倒，幸好人员都从冰上走回基地。周恩来总理派康世恩部长到现场处理。破冰船行驶很困难，幸好人员无损。就这样摸索前进好多年，石油年产量只有9万吨。我把这种情况称为旱鸭子下水摸索阶段。

第二次思想大解放是1978年1月，中国石油代表团应美国能源部邀请到美国访问考察近一个月，并顺访了日本，回来后向中央写了考察报告，提出利用外资，同外国公司合作的建议。党中央、国务院于3月26日听取代表团汇报，作出在坚持独立自主和平互利的原则下，在指定的海域，直接和外国石油公司建立商务关系，加快勘探开发我国海上石油资源的战略决策。我们在会后，从5月份开始邀请法、美、日等国的5家公司探讨合作的路子怎么走，12月又邀请13个国家20多家公司来中国访问和探讨合作，还先后向挪威国家石油公司、联合国跨国中心专家进行了咨询。1978年年底，党的十一届三中全会召开后，我们加快了开放的步伐。

但是我们仍然不知“水的深浅”，邓小平同志提出“摸着石头过河”，我们对外合作就进行大胆的探索和试验，整整花了四年的时间（1978-1981年）。在这四年，我们同法国、日本的多家公司进行合作试验，并收集了100多份外国合作合同、协议书作为样本，特别是注重发展中国家经验。

这几年，一是进行了大规模的宣传工作。当时提出同外国公司合作，有人就说秦文彩“屁股坐在洋人怀抱了”，又有人说“引狼入室”“出卖国家资源”，内部也有人说“新的八国联军打进来了”等等，一片反对之声。在党中央、国务院坚强领导下，在康世恩副总理具体帮助、指导下，我先后向朱穆之同志召集的广播电台、电视台、各大报社媒体人士及其他来宾共200多人，在国务院会议厅进行了开放的汇报宣讲；接着又在经济口领导组织的200多人会议上，宣讲对外合作情况；到大庆又在石油系统领导干部会上讲了一次。康世恩副总理又带我向全国人大常委会委员长办公会汇报，彭真委员长决定全国人大常委会再听次汇报。这次汇报是1982年中国海油成立后，3月才向全国人大常委会汇报的，得到一致赞成。从此我们勇敢大胆进行各项准备工作。

但是前进的道路并不平坦，外国公司员工的吃、住、行又成了问题。

在天津塘沽区外国公司员工居住地附近，有人立了“禁止外国人通行”的牌子。在湛江，市内很多道路都禁止外国人通行，有的宾馆不接待外国人，外国作业者哪里都去不了！我们将这些情况向国务院报告，请政府有关部门来解决，我们也一起做工作，千方百计排除障碍，保证合作双方顺利工作。

二是立法与政策。外国公司投标时提出，合同须有法律依据，否则心里无底。所以我们积极推动《中华人民共和国对外合作开采海洋石油资源条例》(简称《条例》)的立法工作。

我们还在1980年7、8月分别向国家计委与进出口委汇报，请示有关政策问题，两委都发了纪要，明确十多条政策，如简化外国人进出手续，明确我们的合同签字权、人事权、出国权，及有关部委颁布海上交通法和安全法等，方便对外开放。

三是石油部对外合作的法律处和对外合作处也抓紧时间起草了合作的标准合同、招标规章和程序等。

四是十分紧张地举办了各级干部训练班，学习外文和合作合同文件，重点是培训合作一线管委会中方主任，使干部们能与外国人顺利沟通，培养重合同守信用的意识等。

以上四项主要工作做了整整四年。终于万事俱备，国务院于1982年1月底颁布了《条例》，2月8日批准成立中国海油，2月15日中国海油挂牌成立，在《经济日报》《光明日报》和美国《华侨日报》发布了公司成立信息。

第三次思想大解放是中国海油与外国公司在渤海、黄海、南海、北部湾－莺歌海区域展开了海上勘探开发的合作。

第一是邀请了外国地震船进行13万平方公里地震测线，查明数十个可供勘探的构造。

第二是进行大规模招投标，同20多个中标的外国公司合作勘探开发，与外国公司签订100多个合作合同。

第四次思想大解放是中国海油领导决策实行专业化重组上市。油公司在纽约、香港上市，利用筹集的资金增加海上勘探开发投入。第一次股票上市因没有经验不成功，第二次接受了第一次教训，上市成功。接着中国海油领导决策收购了外国几个油田、加拿大油砂矿和在国内的几个石化厂。中国海油建立完善了现代企业制度。

先试验、后推广，是海油的传统。合作是从中法、中日四个合同开始取得经验，再大规模推广的。重组上市也是这样。这样做我们称为稳步前行。

第五次思想大解放是走出国门，向跨国公司迈进。我想：到外国，一是尽可能走合作路，和当地机构或国际公司合作。二是多寻找油气和其他矿物。三是贫矿富矿都干，发挥中国海油多年积累的低渗、压裂、注水等技术优势，不怕艰苦困难。

第六次思想大解放是发挥高科技优势，向两深进攻。一是深层，二是深水，都已成功。不仅在渤海找到油气田，还在南海1500多米水深找到大气田。同时，我们要继续学习国外的高新科技。我们要利用参与开发非洲西海岸深水区域和巴西深水区块的合作机会，学习他们的深水经验。我曾说过“学外不媚外”，就是要借鉴他人的长处，启发自己的创新。

总之，中国海油是在改革开放初始中诞生、在改革开放大潮中发展壮大的。我作为老石油、老海油人，希望中国海油这条大船稳步远航，通往更加辉煌的道路，为中国特色社会主义建设和能源强国、海洋强国加油。

（作者系原石油工业部副部长、中国海油第一任总经理，本文刊于《中国海洋石油报》2022年2月16日04版）

峥嵘岁月石油情

秦文彩

石油是“工业的血液”，石油行业的成长和民族的振兴始终紧密相连。回望历史，从1949年新中国成立时，全国仅有12万吨的原油产量，到1978年产量达1亿吨，再到如今位列世界主要产油国，我国石油工业的发展始终与民族同呼吸、共命运。尤其是在近半个世纪，石油工业实现了从停滞到提速、从封锁到开放、从陆上到海上的重大跨越。作为历史的亲历者，作为石油战线的奋斗者，我见证并参与了这段峥嵘岁月。

出川：赴外灭火急先锋

十年动乱中，各行各业处于瘫痪半瘫痪的状态，石油工业也处于半停产状况。1967年3月，石油工业部和各油田陆续实行军管，生产状况稍有改善，但没有完全恢复。

当时我正在四川石油管理局工作。1970年1月，石油部军管会把我调到北京，本想让我参加江汉石油会战。恰好此时，周恩来总理接到阿尔巴尼亚部长会议主席的电报，邀请中国派一专家组帮助他们处理天然气井喷着火事故。军管会王星主任和孙晓风副部长征求我的意见：“你从四川带一个专家组去抢救气井着火，行不行？”我当即答复：“没问题，四川石油管理局的技术干部和工人会听我指挥的！”就这样，我带了4名工人、

4名技术干部、1名俄文翻译共10人前往阿尔巴尼亚。周总理亲自给我们联系好巴基斯坦航空公司，飞机途经巴基斯坦卡拉奇、埃及开罗，辗转到了阿尔巴尼亚首都地拉那。

那时，我们10个人出国只带了几十美元外汇，路上为了省钱不敢喝水，忍着口渴到了目的地。阿方部长会议副主席热情接待我们，给我们冲咖啡喝。可工人们没喝过咖啡，只敢喝矿泉水。我们心里也记挂着现场的火情，于是没有休息，赶紧坐汽车赶到事故地点，轮流到现场看场地和火势。

阿尔巴尼亚位于亚得里亚海边，恰逢雨季，井场淤泥有一尺多厚，再加上阿方人员少、动力设备也少，给灭火带来了很多困难。经过反复研究，我们拟定制作一个大型封隔器，像瓶塞一样坐入井口，又从国内定做了橡胶运到阿尔巴尼亚，才成功扑灭了大火。

这场灭火抢救工作前后历时70天。3月1日，我们回到北京，受到国务院及外交部表扬。专家组奉命返回四川，余秋里副总理和王星主任留我一人在北京，等待分配工作。

上产：我为祖国献石油

1970年3月，军管会分配了我的工作，要我组建石油勘探开发组（简称油开组）。组建开始只找到几名适合的人，有时就需要从油田借调人员来帮忙，之后逐步增加30-40人，直到1978年达到60余人。那时油开组的业务除炼油、销售外，还要管理勘探、开发、生产、油田建设、机械动力等工作，号称“小石油部”。直到1978年恢复石油工业部后，油开组才分解为5个司局，又增加了一个调度司，共6个司。

在这期间，油开组主要承担生产管理指挥系统的职能，定期召开生产调度电话会，做到各油田信息下情上报、上情下达。为了便于电话交流，油开组得到了邮电部门支持，建立了专线，从此和油田传递信息更加准确及时。

一是派工作组到各油田协助工作，特别是重点油田和重点工程建设，分管各开发石油业务的组长、副组长、地质师都要下沉到各油田生产管理一线。1970年，周恩来总理指示石油军管会，要恢复大庆两论起家的基本功。我组织了一个前线工作小组一同前往大庆油田，重点是开发杏树岗油田和萨尔图过渡带，一边加强注水让老油井恢复生产，一边也投产了许多新井，使大庆油田产量很快上升。我还在辽河油田待了近2个月，从大庆、四川调了一些地震队、钻井队伍，加强了辽河的生产力量，完成了西斜坡、大民屯开发和稠油开发工作。1973-1975年，我又在胜利油田待了3年，共新开发了5个油田，使产量由700万吨增加到1700多万吨，并建设了东营至黄岛输油管线和胜利到长江输油管线。油开组其他副组长、各小组长和工作人员多数都在油田蹲过点，保证了工作任务的完成。

二是协助组织油田开发会战，即大庆、辽河、大港、胜利、濮阳会战，还有陕甘宁会战、冀中油田会战，加上之前的四川川中、威远会战和汉江会战，总计10次大会战，实际上是把解放军“集中力量打歼灭战”的经验运用到石油工业上来。此外，各油田还开展小的会战，如川中开发桂花会战等，保证了储量产量的增长，保证了石油的增产稳产。广大石油职工被压抑的劲头一下迸发出来，“大干社会主义有理！大干社会主义有功！大干社会主义光荣！大干了还要再大干！”

三是不断发展提高勘探开发石油的科学技术。在地球物理勘探方面，试验和更新了51型仪器，针对沙漠地震、山地地震、海洋地震使用新的地震仪；在测井方面，采用了放射性测井技术；在油田开发方面，强化注水和化学药剂驱油技术，试验注热水开发稠油油田；在机械采油方面，大量推广抽油机，并在井下试验水力活塞泵、螺杆泵等工具，总之采用了各种工艺措施保老油田稳产增产，保证石油产量增长。

在军管会、燃化部、石油化工部领导下和有关部门的配合支持下，特别是康世恩同志对我们的直接领导和指挥，再加上油开组全体职工的努力，以及广大石油职工大干社会主义的积极性，1978年全国原油产量突破1亿吨大关。

入海：改革开放立潮头

1977年10月，美国能源部邀请中国政府派石油代表团访问美国。1978年1月，石化部派出副部长孙敬文为团长，我和政治部张兆美为副团长，计委副主任李人俊作为顾问，各油田领导参加，加上翻译共18人，访问了美国和日本。

代表团回国后，于1978年3月26日向党中央、国务院领导汇报。汇报从下午3点开始，直到晚上9点才结束。会上，大家一致赞成同外国公司开展合作，用外国设备、技术和专家来帮助发展海洋石油工业，如果出了问题改正就是了。1978年5月，我们邀请了日本石油公团，法国埃尔夫、道达尔等公司一同探讨合作的方式方法，10月又邀请了第二批共计20多家公司，开始了对外合作的探索之路。

1978年12月，党中央召开了十一届三中全会，党的工作重心由以阶级斗争为纲转向以经济建设为中心，提出了改革开放的伟大决策。在全会精神的指导下，我们开展国际合作的信心更加坚定，分别组成团、组到外国学习，特别是到巴西、印尼和挪威等同外国公司有过合作经验的国家学习。

1979年3月，我担任石油工业部副部长后，开始负责对外开放的全部工作。在当时，对外开放无疑是对传统观念的一次巨大冲击，在系统内外都引起了很大争论。不少人不理解，指着我的鼻子说“秦文彩你屁股坐在洋人怀抱了”，是“出卖国家资源”。因为八国联军侵华就是经由渤海登陆的，有人也贴大字报说“新的八国联军打进来了”。康世恩副总理召集了媒体工作者200余人和经济口200余人，由我分别向他们宣讲海洋石油对外开放的策略，之后在石油系统、人大常委会都作了报告。做了这些工作后，“反对之声”消减下去，对外开放合作得到大多数人理解。

就在这时，美国纽约《华侨日报》一位署名魏宗国的人登了一篇文章，说“渤海同日本签订的合同是吃亏的合同，日本人不花太多钱就可以得到源源不断的石油”。这张报纸被直接送到邓小平同志的办公室，邓小平同志随即批示“请能源委和进出口委约请一批专家论证一下”。1981年3月23日，能源委邀请各方面专家、有关部门人员约100多人，召开了一场历时9天半的论证会。我做了主题发言，时任石油工业部外事局顾问的邹明作经济分析汇报，渤海地质师讲渤海勘探情况，时任海洋石油勘探局局长的钟一鸣讲了同法国、日本在渤海的合作情况，提请会议各位专家审议，并把有关谈判合同等资料摆放在二楼会议室，请大家翻阅。最终，多位专家在会上发言赞成合作，认为这个合同是一个不吃亏的合同。我们向国务院汇报了会议结果，国务院明确海洋石油对外开放合作的方针是国策，必须坚持下去。

排除了思想上的干扰，我们对外合作各方面的准备工作也在紧张地进行中。这是一条没有前人走过的路，没有任何经验可供照搬照抄，只能自己摸着石头过河。1978~1981年，我们整整用了四年时间，调研总结对外开放的法律和合同模式，收集并研究了100多份不同国家同外国开展石油合作的法律、合同样本。同时，我们约请了来自挪威和联合国的能源专家，还有香港兴业等财务公司，向他们咨询合同、法律、财务管理等方面的国际管理经验，最终制定了对外合作开发海洋石油资源的条例、法律文件和标准合同样本。1982年1月底，《中华人民共和国对外合作开采海洋石油资源条例》公布，奠定了对外合作的法律基石。

为了尽快开展招标工作，1982年2月15日，中国海洋石油总公司挂牌成立，随后便发出了第一轮招标通知书。就这样，在党中央、国务院的支持下，在石油部的领导下，海洋石油工业改革开放的准备工作顺利完成，中国海洋石油工业对外合作的大门就此推开。

从忍着口渴不敢喝咖啡，到谈判桌上平起平坐，从走出国门放眼看世界，再到自立自强谋发展，这是我们这一代石油人所书写的故事。如今，全国原油产量已经接近2亿吨，新一代石油人正在书写能源报国征程上的新篇章，并不断创造辉煌！

（作者系原石油工业部副部长、中国海油第一任总经理，
本文刊于《中国石油报》2021年8月20日05版）

追忆峥嵘岁月
矢志能源报国

王彦

今年是中国海油成立40周年，作为一名石油战线上的老同志，看到中国海油取得的辉煌成绩，我感到非常自豪。翻看起一张张老照片，我的思绪回到了海洋石油事业创业初期的峥嵘岁月。

浮筒打井初试水

我与海洋石油的结缘，始于20世纪60年代。1962年，我在原石油工业部勘探司钻井处工作，当时国家刚刚在陆上发现了大庆油田，而海上油气开发还是一片空白。时任石油工业部副部长康世恩作出指示，探索在海上找油找气。在没有任何经验的情况下，海上打井从“两个筒筒起家”。茂名石油公司地质处和华南工学院设计了两个500吨浮筒，浮筒原本是用来打捞沉船的，灌上水沉到海底，跟船体捆绑在一起，然后把空气打进去，浮筒的浮力把船带起来，就是用这样的浮筒，上面焊了一个架子拖到海上去打井。

当时，石油工业部成立了专门的工作组，我是其中之一，负责钻井工程。出发之前，康世恩部长亲自跟我讲，要把打井过程中遇到的问题都详细记录下来，为海上打井积累经验。我们来到南海莺歌海距离陆地十多海里的地方，水深12米左右，把浮筒沉下去，上面装好了井架、钻机等各种装备进行勘探。浮筒不像潜水艇，压载不均匀，非常不稳定。这个简易的海上平台基本不具备生活条件，没有厕所，没有饮水。同时，南海自然环境恶劣，经常有台风以及季候风，风力能达到十几级，当时没有气象预报，可能突然之间风就来了。

我印象最深刻的一次，十几级风，人都站不住，风来了没处躲藏，浮筒附近打捞局的船担心和井架发生碰撞，开走了，我们二十几个人抱住井架，就那么顶着风吹，还下着雨，一夜没吃没喝。陆地基地急得不得了，打捞公司的共产党员站出来，顶风开着工程船过来接我们，在那种风浪下，工程船也不敢和平台靠得太近，只能在浪打过来船和平台离得近的间隙，我们抓住时机赶紧跳上去。终于二十几个人都上船了，往回走，虽然只有十几海里，但风浪太大，大家都吐了，我是船上唯一没有吐的人，他们都说我注定是干海洋石油的。

尽管条件艰苦，我们没有一个人叫苦喊累，当时的信念就是要为国家找到更多的石油。我们顺利完成了浮筒打井的任务，在莺歌海钻成了3口井。这是一次零的突破——中国人从陆地走向海洋，首次在海上打井，并在海2井捞获原油10公斤。就是这10公斤原油，标志着海洋石油人翻江闹海的创业之路就此开凿。

创业艰难百战多

海上打井任务结束后，我回到北京，给康世恩部长汇报情况，强调海上油气开采不同于陆地，不能土法上马，必须要有专业正规的设备，包括钻井船、气象卫星等等。后来，石油工业部决定在新加坡造了两艘自升式钻井船，“南海一号”和“渤海一号”，作业水深50-60米，只适用于渤海，到南海深水区作业，必须要有半潜式钻井船。

1977年7月，石油工业部与挪威公司签订合同，买下半潜式钻井平台“波黎·多芬”号（后改名为“南海二号”），一边委派验收组到挪威验船，一边在全系统抽调管理、技术干部和钻井工人，组建平台人马。

康世恩部长再次点将，把我从四川泸州气矿革委会主任、党委书记任上，调到“南海二号”来当船长。除了一批到挪威培训一个月的工程师，又从四川调来被誉为思想红、作风硬、技术强的标杆钻井队——3238钻井队。

1978年3月，远渡重洋而来的“南海二号”停泊在海南八所港外锚地，我搭乘小船出海，第一次见到这个“大家伙”。尽管此前已在图纸上反复研究过，那一刻我还是被深深地震撼了。最大的感受是平台的现代化程度，“南海二号”由直流电机带动设备静悄悄地运转，打破了我对陆地钻井那种柴油机带着传动轴，拉动皮带轮、大链条震天响的印象。除了钻井系统，航行、轮机、压载、抛锚、定位等设备一应俱全，像防喷器这样的水下器具更是令人大开眼界。

人员到齐后，“南海二号”很快前往三亚训练，再自航至离岸146公里的“莺2井”井位。由于平台没有现代化的气象指导，那年9月我们遭到14级台风的正面袭击。最危险时平台倾斜了七度，锚链被拉地嘎嘎响，眼看直升机甲板都快斜插到水面了。10级大风持续了一个多星期，供应船出不了港，平台上补给快耗光了。大家像电影《上甘岭》一样，每人每天分配少量水和食物。全船人镇定地等待后方支援，没有一个人表露出悲观情绪。

钻探“莺2井”虽然一波三折，但在我国海洋石油勘探史上创造了许多第一：第一次用半潜式平台打井，第一次在近百米水深的外海打井，第一次在莺歌海打出天然气井……更重要的是，通过练兵和打井，我们开始掌握半潜式平台的操作技能。在简陋的后勤支持、恶劣的海况和气象条件下，第一代“南二人”怀着对事业无比坚定的责任心和信念，一直保持奋发向上的心态，也更有信心战胜一切艰难险阻。

对外合作开新篇

由于缺乏技术实力和经济实力，海洋石油的创业过程异常艰难。为了加速发展，1978年3月，党和国家作出海洋石油对外合作的决定，引进资金，引进技术，发展海洋石油工业。

在邓小平等中央领导的批示和推动下，1980年5月29日，中法、中日分别在北京、东京签署了有关渤海湾、北部湾石油勘探开发合同。当时我是北部湾中法合作委员会的中方首席代表，深感责任重大。要想对外合作，把海洋石油事业发展好，必须重合同守信誉，合同里的规定要认真执行，占便宜、搞小动作，不照顾投资者的利益，那都是搞不成事的，是不利于改革开放的。

合同签署后，第一批法国人来到湛江，当时湛江还是个封闭的社会，敌对情绪严重，到处挂着牌子，写着“外国人不许进入”。当时接待外宾的招待所也没有，只有一个中旅社的招待所。法国人在中国工作28天，要回巴黎休息28天，等于在中国工作要两套人马，走了一队人再来一队人，一定程度上增加了成本。

后来，我就提议在湛江修建一个法国村，按照法国的生活习惯建设法国居民房，让法国人和他们的家属都搬进来，就不需要那么多人往返巴黎了，交通费也减少了，人员费用也能省下了，法国人也同意了。

这个消息被当地老百姓知道后，就在沙滩上插上树苗，征地建房的时候，就开始和我们讲价钱。正在这个时候，一个香港代表团访问湛江，新华社广东分社的一个记者随团到访并采访了我，我告诉记者，这不利于改革开放，这位记者将情况通过内参反映给了中央高层。

后来，中央和广东省有关负责同志组成了一个联合工作组赴湛江进行调查、论证，发现基本属实，之后广东省就安排了队伍，半年内盖起了三十套居民房，不到半年法国家属都搬过来了，节约了大量的资金。

由于中方人员的支持、配合，使得中法合同区的勘探工作进展顺利，效果显著。仅3年多的时间，便在合同区内在7个构造上打探井14口，其中5个构造钻获油气流，钻探成功率高达70%，并发现了涠10—3油田。这些成果极大鼓舞了各外国石油公司，为以后大批外国公司拥入南海起到了良好的推动作用。

生产生活上我们给外方创造了很大的便利，营造了良好的投资环境，同时在合作中我也要维护我们的国家利益。

1984年8月，涠10—3油田开发开始工程招标。采用国际招标的方式选定承包公司，尽量选择优惠的价格和最有竞争性的交货期，以降低开发投资、确保工程质量如期投产。关于储油轮，是新建、购买旧油轮改建还是租赁，中法双方持有不同意见。我们明确要求利用合适的旧油轮改建，而法方则推荐购买他们国家造的船。在我的坚持下，法方最终同意共同采购旧油轮，买下了西班牙造的旧船“阿米伦蒂”号，节省了大笔支出。

由于在中法合作中发挥了重要作用，1990年我被授予法国国家级骑士勋章。这小小的勋章，是中法石油界成功合作的象征，是海洋石油全体职工共同努力的结果。在对外合作中，正是因为我们坚持虚心向外方学习，同时又坚持原则，维护本国利益，制度体系、管理理念不断走向成熟，推动了海洋石油工业从无到有、从弱到强的跨越式发展。

从1982年成立到现在，中国海油已经成长为数一数二的石油公司，也有了自己的装备、技术、队伍，我感到很欣慰。虽然工作、生产环境发生了很大的变化，但海洋石油人身上的不怕困难、甘于奉献的那股精气神不能丢。老一辈的海洋石油人只知道奉献，不讲条件、不谈待遇，哪里有石油，哪里就是我们的家，这种精神品质值得我们学习。希望新时代的海洋石油人能继承优良传统，矢志能源报国，为海洋石油事业的发展发光发热。

（作者系中国海油第三任总经理，本文刊于《中国海洋石油报》2022年6月1日04版）

中国海油的几个好习惯

卫留成

听到中国海油国内油气产量突破5000万吨油当量的消息，我非常高兴，在此向广大海洋石油干部员工表示热烈的祝贺。经过几代人的不懈奋斗，中国海油终于成功建成“海上大庆油田”，这不仅是海洋石油工业的骄傲，更是中国工业发展史上具有里程碑意义的大事。

建设“海上大庆油田”，我记得这是“十一五”初期提出的一个奋斗目标，那时公司的油气产量是2000多万吨，在当时的条件下，提出这样一个目标还是比较大胆的。经过几年的奋斗，这个目标变成了现实。作为一个过来人，我深知实现这个目标有多么艰难，同志们一定在其中付出了许多心血和汗水，在此为曾与你们共事而感到骄傲。

当然，更值得骄傲的是，这些年来，海洋石油的整体实力获得了显著提升。上下游一体化的产业结构基本成形，赢利能力越来越强，在国际国内的影响力越来越大，距建成国际一流能源公司这个目标越来越近。海洋石油今天的成就是国家30多年来坚持改革开放的必然结果，也是几代海洋石油干部员工奋力拼搏、努力奉献的结果。

我在海洋石油行业工作了20多年，对这个公司非常有感情，看到海洋石油的同志，常常有说不出的亲切。2010年听到要建成“海上大庆油田”的消息，更是为中国海油这几年的飞速发展感到由衷的欣慰，感谢海洋石油的同志们让我、让所有在这块蓝色国土上奋斗过的人圆了一个梦想。

到地方工作的这些年，我有时会从一个局外人的视角来观察这个公司，思考这个公司走过的路。一直有人问我，海洋石油成功的背后有什么独特的诀窍？好像都希望我这个曾经的局内人能讲出一些独家“秘方”来。外界都爱说中国海油有很多先进的、独特的理念。客观地讲，中国海油推崇的理念其实并不奇特，大多数是一些常识。中国海油只是从众多的常识中，找到了适合自己的那些。更重要的是，中国海油把这些理念变成了行为，把行为训练成组织的习惯。当理念变成习惯，它才会“做功”，才会促使目标实现。

在我的印象中，中国海油至少有这样几个好习惯：

主动变革

根据环境变化，顶住各种压力，挣脱各种惯性，主动推动体制机制的变革，把一个计划经济体制下大而全的企业改造成国际化、现代化的石油公司。在公司发展的每一个重要场景中，几乎都能找到变革的身影，尤其是在观念的转变和体制机制的转换上。公司推动变革的能力不断增强，组织对变革越来越适应。变革成为习惯，成为中国海油一项有效的健身运动，使公司始终能够对有限的资源进行最优的配置，始终能够适应新的环境，始终能够具有充沛的活力。记得20世纪90年代国家提出国企要建立现代企业制度，海洋石油就率先进行了主动变革，开始了资本运营、资产重组和体制改革的大胆探索。1999年，海洋石油迈出争取海洋石油总公司整体或部分到海外上市的步伐。之后两年历经坎坷，终于在2001年叩开了国际资本市场的大门。公司随后以资本运营为契机，因势利导，深化分离油公司、专业公司和基地系统的改革，带动企业经营机制的转换，为公司的国际化、现代化奠定了坚实的体制机制基础。而主动变革的“每一步”，总是伴随难以想象的困难。回想海外上市的历程，当第一次路演失利时，各种不同的声音开始出现，但海洋石油挺住了压力，走了下去。现在看来，这条路走对了。世上没有一帆风顺的变革，但要始终保持主动变革的勇气。

保持战略的前瞻性

善于研究未来，判断未来，并较早采取行动，作出反应，是中国海油一个非常好的传统。宏观上讲，海洋石油发展道路的选择就是国家在改革开放之初一次富有前瞻性的战略安排，让海洋石油通过国际合作取得跨越式发展。在中国海油发展历史上，这样的例子还很多。在用工成本并不高的时候，果断实施经济有效的用人政策，关住了大规模进人的口子，为后来的高效高速发展打下基础；在上游业务尚未发展饱和的时候，就开始运筹中下游业务，尤其是LNG（液化天然气）业务提前布局，使中国海油在这个领域异军突起；推动有限公司境外上市，也是一个前瞻性的判断，意图就是通过国际资本市场使公司获得长久发展的资源和机制，使其具备未来的竞争力。现在看来，这个举动是有效的。“人无远虑，必有近忧”，一个企业如果得过且过，小富即安，而不登高远眺，发现机遇，洞察风险，是不会有前途的。

尊重制度

严密制订制度，严格执行制度，始终坚持制度面前人人平等，长久就形成了对制度的尊重和敬畏。我记得比较深的是投资决策制度，在专家论证基础上，投委会实行票决制，总经理除了一票否决权，与其他成员权限完全一样。还有用人，绝不搞一言堂，按民主集中制原则，充分讨论，达成共识，同时，广泛运用公开竞聘的机制，让成绩说话。制度约束了个人行为的自由度，却成就了企业行为的高质量。“从心所欲而不逾矩”，是一种很好的人生境界，也是很好的管理境界。

重视执行力

令行禁止，坚决执行，不讲条件，是中国海油的风尚。调动干部时，常常头一天谈过话，第二天简单收拾一下就到了新岗位上；油价暴跌，全员减薪，员工毫无怨言；因改革调整岗位，虽然有些人心里有想法，但没有人闹事，都能够理智地执行决定。回想起来，这些行为非常让人感动。执行力还有一个重要方面，就是崇尚实干。“空谈误国，实干兴邦”，在中国海油判断一个人，不看你讲了什么，而是看你干了什么；不看你理论水平有多高，而是看你动手能力有多强；不看你在领导面前如何表演，而是看你在具体工作中如何表现。在用人上，旗帜鲜明地用好那些想干事、能干事的人。正是有了很好的执行力，中国海油这支队伍才有了极强的战斗力，才能在发展的征程中攻无不克、战无不胜。

善于学习

国际合作使中国海油较早拆除了思想的藩篱与视线的屏障，较早知道了世界很大，自己很小，别人很先进，自己还落后。在合作过程中，承认差距，以开放的心态，如饥似渴地学习别人的长处，应用到公司的发展中，进而追赶别人，超过别人。在还没有“学习型组织”这样一个概念的时候，中国海油就已经成为这样一个组织。上市之后，以非常高的效率掌握了资本市场的运作规律；进入中下游，也很快成了行家里手，这都与善于学习的习惯分不开。这种习惯使中国海油始终能够解放思想，勇于超越，善于掌握新知识，驾驭新领域。

摒弃官僚主义

多年在企业和地方工作的经历，使我深知官僚主义的危害。在我的印象中，中国海油一直非常重视对官僚主义的防范。提倡平等，摒弃等级森严的官僚文化，使干部员工思想活跃，使公司言路畅通；不开内容空洞的会，不搞形式主义色彩重的活动；控制机关的规模，让机关突出服务，戒除衙门作风，不搞文山会海；组织扁平化，减少层级，提高效率。“让大象跳舞”，是IBM前董事长郭士纳追求的一种管理境界，我想，官僚主义就是绑在“大象”腿上很重的一根锁链。因为没有官僚文化的侵袭，中国海油前进的步伐一直很轻快。

对近几年中国海油的发展我了解得并不细致，以上这些只是我的一些认识和体会。我相信，在新的发展过程中，中国海油一定会形成、积淀出一些新的好习惯。

谈到人生修养，有人说，习惯决定命运，其实，这也适用于一个组织。好习惯，是一个组织里金子般宝贵的财富。踏踏实实、不怕辛劳地把理念变成习惯，通过精心呵护，让越来越多的好习惯在组织里扎根，才会有越来越多的梦想变成现实。

再一次对“海上大庆油田”的建成表示诚挚的祝贺！问候中国海油的同事和朋友，祝中国海油未来的路走得越来越好、越来越宽广！

（作者系中国海油第四任总经理，本文刊于《中国海洋石油报》2011年1月1日5版）

走独创之路才能更好发展

傅成玉

从八十年代、九十年代到现在，我们中国人的观念发生了很大的变化。如果说中海油从2001年上市以后不断得到投资者认可是由于企业发展速度很快，给他们提供了非常好的经济回报，这仅仅是原因之一。更重要的是，现在的中国公司，已经按照国际规则，按照市场规则来规范运作了。在给投资者提供高回报的同时，也让他们看到了我们的规范管理、公开透明管理。

这给中海油的管理层带来非常大的压力，如果做错任何一件事，立刻就能在数字上体现出来，但是反过来，就能得到信任。信任就是价值，价值从哪儿体现？就是股票有高的市盈率。中海油2001年上市的时候市值60亿美金，成长到现在达到300亿美金，为什么呢？公司管理理念的变化。

公司的透明规范管理，带来了公司的竞争力。这些年来，我们不仅追求经济效益，追求给股东的高回报，我们更要成为一个负责任的社会公民。我们在石油行业里，是第一家在作业中采用国际安全标准，国际安全体系和国际环境保护标准，保护环境已经成为每一个职工自觉的文化行为。

我们观念的变化，我们做法的变化，最根本的是由于我们中国共产党，中国政府实行了有社会主义特色的市场经济，及时把我们带入到世界经济体系当中，加入WTO，推动了我们观念的改变，加快了我们和国际经济接轨的步伐，也是推动我们企业成长的外部因素。所以当我们和国际企业同台交流的时候，在国际责任的理念上，在业务的经营方式上，已经几乎没有什么是他们能做到而我们做不到的。

过去老是说中海油最国际化，其实也不全对。我们只是在国际化上按照国际规则早走了些。同时我们又没有完全按西方的理念，按教科书尤其是MBA教科书里的那些观念来做。如果完全按照他们教我们的来做，我们至多也只能跟在他们后面。我们是把他们的理念，他们的方法，他们的技巧，结合企业的实际，进行了一些改造，走了一条既学习他们又不同于他们的道路，走的是带有中海油特点的发展之路，所以我们才有非常快的发展速度。

中海油在1982年成立的时候，办公桌椅是借的，一直到了1999年才有办公楼。到今天，我们的总资产已经达到1800亿，得益于国家的改革开放政策，得益于国家给我们的特殊环境。国家当时不从财政上给中海油拨款，任何直接的投资，要从银行贷款还本付息，这样就给我们建立了非常好的机制，就是不能铺摊子，不能什么都搞，必须做好做精企业，所以到今天我们的公司规模还很小。另外，我们20多年就是不断地改造自己，不断的改革，走了一条有自己特色的差异化发展之路。

在国内我们有中石油、中石化两个老大哥，和我们不是一个等量级的。如果我们做同样的事情，不可能有这么快的发展速度，更不可能发展起来。所以我们走了有创新的管理思维的路子，就是紧紧结合我们现在的资源特点，发展别人不做的市场。

这些年我们中下游发展特别快，一个重要原因就是我们没有走和我们两位老大哥一样的发展之路。我们根据自己产油的特点，开发了沥青，这种沥青在温差变化非常大的时候，它的黏度、延展性都没有大的变化，适用于高档公路，在中国是唯一可以替代进口的。由于开发了这种沥青，我们现在占中国市场的30%-40%。

我们建了中国第一个单道设备最大的炼厂，按理说炼油领域我们最不在行，但由于资源不同，我们用不同技术生产出不同的产品，然后用于不同的市场，等于是开发新产品，有了新市场。我们现在在做的石油化工也是叫聚乙烯，但是加工深度和国内产品70%、80%是不同的，等于是用自己的产品开辟了新的市场。

在企业管理过程中，我跟我的职工一直强调要有小公司的心态，我们经济总量小、组织规模小、对国家贡献小，所以必须走适合我们企业自身发展的道路。

在国际化发展中，同样要有变通，要有创新。记得在优尼科收购事件上，很多人最大的担心，不是花了185亿美金，而是这么大规模的企业并购，在国际上成功的也就30%左右，60%、70%不成功的原因，是由于企业整合不成功，企业整合不成功的原因是文化不同。

但我们作为一个中国企业，作为一个在中国工业化没有完成的背景下发展的企业，我们的管理水平不是国外后工业化阶段管理水平的时候，该怎么走呢？等到成长后再走吗？我们现在走的一定是艰难崎岖的小道，那么我们不走吗？我们一定要走。我们既要有像红军爬雪山过草地、两弹一星研发、大庆石油会战这种对理想信念坚定不移的信心，我们又要有创造性，不能等着什么都办好了我们再去做，等成长完了再去做。

那需要我们怎么做呢？需要我们认真分析其他收购都不成功的原因，分析文化不同的原因，再结合我们的行业特点，分析我们可以做什么。

在过去几年中，中海油在这方面已经积累了比较好的经验。比如，我们花5.86亿美金，收购了印尼的一个公司，当时它的正式员工一千人左右，印尼政府规定员工不能解聘，临时工将近800多人，各类承包商有将近1000人，如果我们收购完了，按照西方公司的做法，把人都赶走，派中国人去，我们只有失败的机会没有成功的机会。

世界500强也好，还是其他到中国的外国投资也好，这些公司到中国以后要做的一件事就是本地化。本地化是一个全球性的经验，没有本地化在当地不能成功。所以我们并没有采取西方公司兼并的方法，我们在前两年只派了两个人。在整合这个问题上我们要学什么本事呢？怎样利用、使用外部的智力资源。任何一个国际公司要想成功，全让我们的黑头发、黑眼睛的人去，永远做不到国际上的成功。

到现在我们的人也不到20人，在将近3000人的队伍里不到20人，我们不但得到了印尼政府的高度赞赏，这个公司也运营的很好，因为我们依靠的是他们，我们并没有不信任他们，这是一个理念。

当我们收购一个后工业化阶段的国际公司的时候，他的整体管理水平要比我们高。高在哪里？主要是管理系统、管理体系、管理理念整个都在管理系统里。

中海油没有像西方公司那样，兼并了人家把自己的系统拿进去，把人家的替掉。我们利用兼并的机会改造我们国内的系统，把适合我们企业自身情况的因素再加一点儿进行改造。这才是中海油能够实现跨越式发展的原因，尤其在管理上能够一步到位或者能跨的步伐大一点儿，这是我们要想的。

中海油上市的时候，当时职工两万四千多人，还有九千多人的合同工，我们80%的优良资产拿出去上市，当时担心的是什么呢？最好的资产被拿走了，20%所谓不好资产留在下面了。可是我们当时设计的公司是有一千人，在将近三万人的公司里一千人上市，我们一个重要的观念就是优质资产让它上市做得更优，能够做强做大的同时，要把所谓不优的或者劣质资产带动起来，也要变优。

所以在设计上，不仅让外界感觉到这个公司非常精干，只有一千人，而且它的经济规模是在世界油品公司当中也是数一数二的，受到了认可。同时又为后面的存续资产改造铺了非常好的路。上市几年后，公司在国际上的口碑非常好，存续部分经过几年改造，又有两个上市。

海洋工程2002年上市，正逢国内A股市场大跌，连续两年多我们公司的股票不但没有跌，反而一直在上涨。不管什么时候，公司的管理要规范，公司的发展不能慢。我们在这件事儿上，既考虑了把优质资产做得更优，又考虑到把不优做优。中海油虽然小，还包含一部分60年代的企业，经过几年的改造，现在不但没有亏损企业，而且实现了所有集团内部的盈利。

中海油在理念创新上受益非常大，同时在企业的经营管理，尤其是技术方面，之所以能够取得较快的发展速度，是因为有一套自己独特的技术。在中国海洋石油工程行业，应该是说由于中海油的存在，推动了海洋石油工程行业的发展壮大。

中海油有点先天不足，就是现在找到的储量，尤其是在渤海湾，50%左右的储量是重油、稠油，几乎都不能流动。在别人认为开发不起来的特种稠油，我们把它经济有效的开起来了，掌握了一套稠油生产的技术。由于这种稠油，我们的开发成本就非常高，海上与陆地相比，虽然看上去是隔了一层水，但开发成本要成倍增加。为了经济有效的开发，必须降低成本。因而，我们开发了具有海洋石油特色的优快钻井技术，让我们的成本大大降低。所以说，结合自身特点，不断在技术上进行开拓创新，才能实现自身乃至带动整个行业的发展。

总而言之，走独创之路才能让我们自己发展更好。

（作者系中国海油第五任总经理，本文根据2005年CCTV中国经济年度人物评选创新论坛发言整理）

奋力推动海洋石油工业“二次跨越”

王宜林

中国海洋石油总公司（以下简称“中国海油”）成立30年来，在党中央、国务院的正确领导下，几代海油人始终牢记“我为祖国献石油”的崇高使命，积极贯彻落实国家发展战略，认真履行国有企业肩负的重大责任，坚定不移地加快发展、深化改革，公司发展实现了历史性跨越。站在发展的新起点上，“中国海油”党组坚持主题主线，牢记国企使命，提出了“二次跨越”的战略构想，大力推进国际一流能源公司建设，着力做强做优，努力为保障国家能源安全和促进国民经济持续快速发展作出新贡献。

实现第一次历史性跨越

“中国海油”30年的历史性跨越，是我国改革开放和社会主义现代化建设伟大成就的一个缩影。30年来，在党和国家方针政策的指引下，我国海洋石油工业面貌发生了翻天覆地的变化。“中国海油”油气年产量由成立之初的9万吨增加到目前的5000多万吨，成功建成“海上大庆油田”，有力地保障了国家能源安全。2011年公司利润总额突破千亿元大关，主要经营质量和效益指标保持国内外同行业优秀水平，位居世界企业500强第一百六十二位、全球石油公司50强第三十四位。形成了上中下游一体化的产业格局，现代企业制度框架基本建成，初步建立了比较完整的海洋石油工业体系。自主研发了半潜式钻井平台，深水战略迈出实质性步伐。国际化程度不断提升，海外资产投资涉及19个国家，海外收入占公司总收入的1/3。“中国海油”的发展成就，从企业层面雄辩地证明了改革开放是决定当代中国命运的关键抉择，是发展中国特色社会主义、实现中华民族伟大复兴的必由之路。

“中国海油”30年的历史性跨越，是中国特色社会主义理论体系指导下实现的，彰显了党的创新理论的巨大实践威力。30年来，“中国海油”始终坚持用马克思主义中国化最新成果武装头脑、指导实践、推动工作，自觉将党和国家方针政策融入企业发展战略和规划，确保公司发展的正确方向。抓住发展这个第一要务不动摇，不断提高核心竞争力；深入贯彻落实科学发展观，加快转变发展方式；坚持解放思想、实事求是、与时俱进，积极探索符合自身实际的发展模式，持续打造公司发展的独特优势，走出了一条生机勃勃的发展之路。

“中国海油”30年的历史性跨越，是国有企业强大生命力的生动诠释，是国有企业改革发展成就的生动例证。30年来，“中国海油”勇当国有企业深化改革、加快发展的排头兵，深入贯彻落实中央关于国有企业改革的政策部署，在两权分离、重组上市、存续企业改造、用工与薪酬制度改革、建立现代企业制度等方面率先探索尝试，成为国有企业改革创新的典范。截至目前，“中国海油”已累计发现地质储量近40亿吨、生产油气5.85亿吨、缴纳税费3600多亿元，在促进社会就业、带动相关产业发展等方面充分发挥了中央企业的骨干作用，为夯实社会主义经济基础、保障国家能源安全、保障和改善民生、促进社会和谐作出了积极贡献。

30年跨越发展取得的宝贵经验

必须始终坚持与党中央保持高度一致，确保正确的发展方向。国有企业是中国特色社会主义的重要支柱，是我们党执政的重要基础，是贯彻落实党的理论和路线方针政策的重要阵地，肩负着重大经济、政治和社会责任。“中国海油”的实践证明，国有企业只有将党的理论和路线方针政策融入企业改革和发展的战略和规划之中，才能确保改革和发展的正确方向，更好地履行职责，实现持续健康发展。

必须始终把发展作为第一要务，一心一意谋发展。30年来，“中国海油”始终抓住发展这个第一要务不动摇，把加快主业发展放在首要位置，咬定各个时期的发展目标，不断调整产业结构，优化产业布局，注重发展质量和效益，努力提升公司综合实力和核心竞争力。“中国海油”的实践证明，国有企业只有始终扭住发展不动摇，更加注重质量效益，坚持科学发展，才能不断发展壮大。

必须始终坚持解放思想、实事求是、与时俱进，积极探索并遵循发展规律。30年来，“中国海油”始终立足国情、结合实际，着眼国际一流，探索出了“市场化运作、专业化发展、差异化竞争、集团化管理”的发展路径，初步形成了既符合国际惯例又与中国国情和企业实际相结合的发展模式。“中国海油”的实践证明，在改革开放和发展社会主义市场经济的条件下，国有企业只有始终坚持解放思想、实事求是、与时俱进，将公有制特色与市场经济要求相结合、将国际先进企业管理理念与中国国情和企业实际相结合、将现代企业制度要求与国有企业政治优势相结合，才能打造特有的竞争优势。

必须始终坚持深化改革、推进创新，不断增强发展的动力。30年来，“中国海油”始终把改革创新作为不断超越自我、获得竞争优势的重要途径，大胆改革制约发展的体制机制，不断推进体制机制、技术、管理创新，使改革成为一种常态，使创新成为一种文化。“中国海油”的实践证明，国有企业只有始终坚持改革创新，才能适应环境变化，不断增强发展的动力、永葆发展的活力。

必须始终坚持安全发展和稳健经营，努力实现可持续发展。海洋石油工业是高风险行业。随着公司发展壮大，除了自然灾害和地质条件、作业环境等安全环保风险，还面临经营风险、廉政风险和管理风险。30年来，“中国海油”始终注意将风险识别、防控和管理作为一项重要工作来抓，把安全环保工作放在突出位置，持续强化稳健经营，实现了在不断变化的环境中稳步前进。“中国海油”的实践证明，国有企业只有始终坚持安全发展和稳健经营，时刻保持对风险的高度警觉，才能实现可持续发展。

必须始终坚持以人为本理念，营造和谐稳定的发展环境。30年来，“中国海油”经历了一系列改革，每次改革都能平稳有序地推进，做到了“没有人下岗，没有人买断，没有人失业”。这其中的一个重要原因是始终坚持以人为本理念，把员工当作企业发展的宝贵资源和改革主体，立足于通过改革使全体员工包括离退休人员受益。“中国海油”的实践证明，国有企业只有始终坚持以人为本，切实把实现群众愿望、维护群众利益作为改革的出发点和落脚点，充分尊重员工首创精神和主人翁地位，才能实现企业和谐发展。

奋力推动“二次跨越”

当前，我国正处于全面建设小康社会的关键时期和深化改革开放、加快转变经济发展方式的攻坚时期。我国经济社会不断发展对能源的需求稳步增长，对清洁能源的需求显著增大。“十二五”时期，发展海洋经济上升为国家战略。作为中央管理的特大型能源企业和重要的涉海单位，“中国海油”是国家能源战略和海洋战略的具体实施者，肩负着保障国家能源安全和开发利用海洋、维护海洋权益的重要使命。近期，中央对海洋石油工业发展提出了新期望，要求“中国海油”继续贯彻落实科学发展观，扎实推进国际一流能源公司建设，为保障国家能源供应、促进国民经济又好又快发展作出更大贡献。

为贯彻落实中央关于海洋石油工业发展的最新指示精神，“中国海油”党组提出了“二次跨越”的战略构想，制订了《中国海洋石油总公司“二次跨越”发展纲要（2011—2030年）》。“二次跨越”内涵丰富、催人奋进：到2020年，进入全球最强石油公司行列，基本建成国际一流能源公司，成为治理高效、管理科学、科技领先、文化先进、员工全面发展、具有高度社会责任感的跨国公司；到2030年，保持全球最强石油公司行列位置，主要经营指标和公司软实力指标达到国际一流，全面建成国际一流能源公司，成为国家放心、人民满意、社会认同、市场认可、股东尊敬、员工自豪、具有高度社会责任感和国际影响力的全球化公司。

在指导思想上，“二次跨越”坚持突出主题、紧扣主线，牢牢把握做强做优实体经济这一发展方向。突出科学发展主题，紧扣加快转变经济发展方式主线，牢牢把握做强做优方向，以建设国际一流能源公司为目标，强化危机意识、责任意识和创新意识，正确处理速度与质量、规模与效益、当前与长远、整体与局部、机关与基层五个关系，勇于承担中央企业的经济、政治和社会责任，努力实现公司科学发展、安全发展、跨越发展和可持续发展。

在总体思路上，“二次跨越”强调转变方式、主业引领，牢牢把握做强做大油气主业这一发展基石。以做强做大油气主营业务为核心，主抓老油田稳产、深水开发和海外业务，形成油气并举、“两海”并重（国内海域和海外）、风险勘探和自营勘探相结合、常规与非常规齐头并进、整体开发和区域开发相互协调的油气产业发展新格局，以主业带动其他业务共同发展。

在产业发展上，“二次跨越”突出调整结构、优化布局，牢牢把握“突出、加快、有效、集约、择优”这一发展方针。突出发展油气主业，加快发展液化天然气、煤层气产业，有效发展油田专业技术服务、油品销售和石油贸易，集约发展炼油化工、综合服务和金融等产业，择优发展新能源产业，形成“上游更大，下游更优，专业技术服务竞争力更强”的基本产业布局。

在发展策略上，“二次跨越”注重和谐发展、安全发展，牢牢把握“合作、稳健、差异化”这一发展原则。合作，就是坚持合作共赢理念，扩大对外合作，加强国企合作，深化政府合作，探索混合型合作；稳健，就是强化风险意识，始终把防范生产经营风险作为企业发展的生命线，做到战略、投资、建设、运营和财务的稳健；差异化，就是发展要有选择、有重点，发挥比较优势，有所为有所不为。

在目标设计上，“二次跨越”突出稳中求进、分步实施，强调硬实力与软实力建设并重，牢牢把握建设国际一流能源公司这一发展目标。坚持立足当前、着眼长远，分步实施、循序渐进，在进度上分为前后两个10年：第一个10年的目标是进入全球最强石油公司行列，基本建成国际一流能源公司；第二个10年的目标是保持全球最强石油公司行列位置，全面建成国际一流能源公司。

在支撑体系建设上，“二次跨越”突出机制创新，牢牢把握改革创新和科学管理这一发展动力。坚持以改革求发展、以变革促发展，深化公司体制机制改革，以总公司规范建设董事会为契机，全面推动现代企业制度建设，建立全公司一体化管理、专业化运作、整体协调发展的管控体制。

（作者系中国海油原董事长，

本文刊于《人民日报》2012年4月24日第7版）

“海上特区”勇立改革潮头40年

杨华

1978年，党和国家做出了对外开放海洋石油工业的重大决策。4年之后，作为中国改革开放“海上特区”的中国海洋石油集团有限公司（原中国海洋石油总公司，以下简称“中国海油”）正式诞生。在36年的发展历程中，中国海油始终把企业改革作为常态化手段，通过建设现代企业制度，打造具有中国特色的国际一流能源公司，成为中国国有企业实现“集体崛起”的缩影。

以“三步走”“三条线” 建设现代企业制度

作为中国对外开放的“海上窗口”，中国海油自成立之初就是独立核算、依法纳税、自负盈亏、自主经营的经济实体，置身于市场大潮中。在对外开放的合作过程中，中国海油借鉴国际国内同行业先进管理经验和成功的管理模式，结合中国国有企业自身情况进行大胆的探索和实践，提出了“油公司集中统一，专业公司相对独立，基地系统逐步分离”的“三条线”改革路径，并通过“三步走”战略成功实施了体制改革。

第一步，让3%的人员带走80%的优良资产，推动专注于油气行业上游勘探开发的“油公司”重组上市。2002年，中国海洋石油有限公司

（简称“中国海油”）在香港成功上市。第二步，让37%的人员带着12%的优良资产完成10家专业油田技术服务公司的重组上市。海洋石油工程股份有限公司（简称“海油工程”）、中海油田服务股份有限公司（简称“中海油服”）和中海石油化学股份有限公司（简称“中海石油化学”）先后在A股和H股成功上市。第三步，对企业存续部分完成重组，着重解决剩余60%的职工和8%的相对差的资产问题。按照专业化原则，将剩余员工和资产组成基地集团，成立中国海油能源发展股份有限公司（简称“海油发展”），推进业务转型，走上化劣为优的发展道路，再次将资产盘活上市。2011年，中国海油设立董事会，实行董事长、总经理分设。公司完善法人治理结构、全面建设现代企业制度取得重大进展。2012年2月，国务院国资委宣布聘任中国海油外部董事，这标志着中国海油规范董事会建设正式开始通过董事会的良性运作，基本构建了科学规范、权责明确、架构清晰、运转有效的公司治理体系。

油公司海外上市－专业公司重组上市－存续企业重组上市－全面建立现代企业制度，中国海油重组的上市“三步走”“三条线”转型发展的成功推进，既不同于许多国有企业普遍推行的资产剥离做法，也不同于国际石油公司管理油气资源的“油公司”和提供油田技术服务的专业技术公司完全分离的做法，走出了一条独特的国企改革路径，打造了专业化、市场化和集团化三者兼备的竞争优势，从而使企业更加符合市场经济的要求。

时至今日，中国海油位列2018年《财富》杂志全球500强第87位，位列2017年《石油情报周刊》（PIW）全球最大50家石油公司第31位，连续14年获得中央企业负责人经营业绩考核“A”级。公司上市资产占总资产比重已经达到65%。旗下中国海油成为全球最大独立油气勘探及生产集团之一，荣获2017年金港股上市公司评选——“最具价值能源与资源股公司”大奖。中海油服被称为“中国第一家成功上市的存续企业”，已经发展成为亚洲最具规模的综合型油田服务供应商。海洋工程是中国唯一一家集海洋石油、天然气开发工程设计、陆地制造和海上安装、调试、维修以及液化天然气、炼化工程为一体的大型工程总承包公司，远东及东南亚地区规模最大、实力最强的海洋油气工程EPCI（设计、采办、建造、安装）总承包之一。中海石油化学公司至今已发展成为中国化肥和甲醇产量最大的上市公司之一。

从零起步　建成中国海洋石油工业体系

海洋石油是我国能源工业体系的重要组成部分，是知识密集、技术密集、资金密集的高科技竞争领域，是我国工业体系综合性、前沿性和战略性的重要代表，是国家综合实力的重要体现。

中国海油作为负责国内300万平方公里“蓝色国土”油气资源开采的大型国有企业，是中国海洋石油工业体系和科技创新体系的主要建设者和实践者。中国的海洋石油工业起步艰难，可谓一穷二白。从成立之初，中国海油就定下了对外合作与自营开发“两条腿走路”的发展策略，积极实施创新驱动战略，全面深化科技体制机制改革，构建“层次分明、功能齐全、开放协同、运转高效”的具有国际竞争力的科技创新体系，探索并成功实践了一条从技术引进到引进与集成创新相结合，再到有选择地加大自主创新的高效科技发展道路。

经过36年的不懈努力，中国海油研究形成了中国近海油气藏一系列勘探新认识、新理论与新技术，为探明中国海洋油气地质储量提供了理论与技术指导；攻关形成了渤海稠油高效开发、南海深水气田勘探开发、南海高温高压天然气田开发等海上油气田开发关键技术，实现了海上油气产量超亿吨的生产技术能力；成功研制了以大国重器——“海洋石油981”为代表的系列深水重大装备，促进了中国海洋石油从浅水到深水的历史性跨越；研制了海上25MW级燃气轮机、ELIS成套高端测井仪器、深水水下连接系统及生产管汇、深水保温输油软管等一批关键核心技术和产品，填补国内空白，成功实施国产化；集成创新了高酸重质原油全额加工、LNG全产业链技术，形成了油气全品类产业能力；积极探索并突破海上天然气水合物等前沿技术，对促进我国能源安全保障，优化能源结构具有重要意义。截至2017年，中国海油共荣获国家级科技奖励21项（其中“超深水半潜式钻井平台研发与应用”荣获2014年国家科技进步奖特等奖），获授权专利5114件，起草和制定国际、国家和行业技术标准616项。

特别值得一提的是，中国海油不仅高度重视自主创新能力的建设，还积极带动国内造船、机械、电子、通信等相关产业和企业的发展，形成了以“龙头企业”带动其他国有企业和民营企业共同发展的良好局面。使得我国海洋石油工业装备全行业实现了“两个95%”的转变，从成立之初95%的资金用来引进国外设备，到现在95%的装备实现了国产化。

以市场化用人机制　打造海洋石油“铁军”

中国海油在改革重组过程中，一直坚定贯彻“人才资源是第一资源”的观念，通过一系列改革措施，打造了一支高效精干、市场化、国际化的员工队伍，为企业发展奠定了坚实的人才基础。

中国海油提出了“引入竞争机制，形成管理人员能上能下、职工能进能出、收入能增能减机制”的市场化改革思路。对于管理人员，中国海油早在1984年就开始实践级别与国家行政机构脱钩，1994年实行企业聘用制，1997年实施全员劳动合同制，2003年针对高级管理人员开展竞聘上岗，2009年完成新的社会化用工制度，2016年实行领导班子和领导人员任期制。

中国海油还积极探索员工职业发展通道，形成员工成长机制。早在

1996年，公司就打破了干部、工人身份界限，将员工分为管理、技术、操作三类。2004年，中国海油制定了管理、科技和技能人才“三支队伍”完整的上升通道，使优秀的科技人员和技术工人最高可以享受和公司领导一样的待遇级别。2006年起，开展公司技术能手鉴定工作；2007年起，开展公司科技专家评定工作；2011年起，开展中青年拔尖人才支持计划申报工作；2016年，成立总公司人才工作领导小组，建立总公司党组成员联系专家制度；2017年起，实施国际化人才工程，打造国际化人才队伍。

在薪酬分配制度改革方面，中国海油是中国最早提出收入货币化、福利社会化的国有企业。1993年就发布了《改革福利费制度的实施办法》，将各种福利作为分配的一部分，归口劳资部门管理，变“隐形”福利为“显性”薪酬。而后在公司工资总额的框架下，通过各种途径，采取合理方式，一方面保持一定差距以达到利益激励，另一方面防止和反对极端的收入差距，实现收入分配上的合理平衡。2016年起，全面实行集团公司直接管理的高级管理人员年薪制。建立工资总额管理“业绩考核奖金池”机制，通过与业绩考核结果的存量工资联动分配机制，每年将奖金池重新考核分配，突出当年绩效兑现效果。实施经营管理难度系数测评，通过建立指标体系，提高年度业绩考评结果的可比性。完善制度体系，研究制定了深化人工成本管理办法、工资总额管理办法、员工薪酬福利管理办法，指导薪酬分配改革工作。

通过一系列改革，中国海油造就了一支作风优良、精干高效的海洋石油“铁军”。累计培养两院院士3名、国家级人才80人、集团公司专家105人、全国技术能手和中央企业技术能手86人、国际化领军人才21人，为中国海洋石油工业发展提供了重要的人力资源支撑力量。

经过36年的改革发展，中国海油已经发展成为主业突出、产业链完整的国际能源公司，公司将认真贯彻习近平总书记全面深化改革的重要思想，贯彻落实“五大发展理念”，聚焦推进“三大变革”，以敢为人先的魄力，以久久为功的耐力和抓铁有痕的执行力，努力在中央企业改革大潮中当表率、做先锋，踏上建设中国特色国际一流能源公司的新征程。

（作者系中国海油原董事长，本文刊于《经济参考报》

2018年12月17日A06版）

艰辛探索对外合作
大力发展炼化产业

尤德华

新中国刚刚成立时，缺油少气成为我们国家的一个重大战略问题，也是长期需要解决的问题。出于这种考虑，我在清华大学选择就读化工系的石油专业，毕业后也一直从事石油相关的工作。这期间，有很多让我难以忘怀的故事。

筹备：开放合作 蓄势待发

海洋石油的对外开放，是在改革开放以前，中央就着手开始抓了。1978年，石油化工部派出中国石油代表团去到美国、日本参观，孙敬文副部长带队，回来以后向党中央汇报，要把我们沉睡多年、过去基本没有得到开发的各个海域，通过对外合作勘探开发的方式，将它们启动起来。这是一个很大的事件，涉及我们国家的能源战略，也将改变我们国家的能源面貌，对此我们充满期待。不过，从作出决定到公司成立，其间经过了周密的准备。当时我是外事局副局长，具体工作就是带领团队，为中国海油的成立而进行筹备。

跟陆上相比，海洋石油的勘探开发有它自己的特点，主要是经济风险和技术风险都比较高，勘探开发起来难度也比较大，这是全世界石油行业的普遍认识，因此我们的准备工作也要针对这个特点展开。

那时，我们对海洋石油开发的知识不足，国内也没有经验可以借鉴，所以一开始的调查研究就围绕外国石油公司进行。在接触过程当中，我们逐渐明确了一个想法：要想把中国海洋石油勘探开发的局面打开，首先要在法律方面把基础打牢。于是，我们前后派出三十几个调查研究组，前往具有海洋石油开发经验的国家调研，了解他们的工作经验，搜集了一百二十多套合同、资料，翻译研究的工作量非常之大。大家白天看资料讨论，晚上把要点整理出来。这些要点，就形成了后来的《中华人民共和国对外合作开采海洋石油资源条例》，简称《条例》。这是我们经过国家审批的最主要的法律依据文件，在这个《条例》的基础上，才有了标准合同和会计程序文件。

这三个文件，也是我们与外国石油公司开展招标、签署合同所依据的基本材料。那时候，不仅我们对国外缺乏了解，外国人也不了解我们，所以他们对于合作总会存在这样或者那样的疑虑，这些疑虑需要我们在文件中作出明确的解释说明。第一个就是专营权的问题，也是外国石油公司非常关心的问题。国内有这么多机构部门，每个部门虽然都有各自的分工，但工作中又互相交叉，需要有一家具有专营权、能够专管海上石油勘探开发的公司，才能开展后续工作。第二个就是合作模式的问题。在充分的讨论之后，我们研究出了一种联合经营和产品分成模式相结合的形式。据我所知，这种合同模式在国外是没有先例的，是独具中国特色的产品分成合同。以后若干轮招标使用的，也是这个合同。

成立：开基立业 紧锣密鼓

1982年2月8日，国务院批准成立中国海洋石油总公司，在那一周的时间里，几乎每一天都有重大事件发生，每一天都令我激动难忘。

2月13日，中组部通知了关于中国海洋石油总公司的任命。紧接着，2月15日，在东长安街31号的小楼前，我们挂上了中国海洋石油总公司的牌子，拍了一张照片作纪念。当时大家都非常高兴，挂牌成立，意味着我们正式成为一家身负重任的国家石油公司了。大家纷纷握手拥抱，我自己感觉也非常光荣。

当天下午，中央领导接见了我们，对我们提出了几条要求。第一，一定要坚持依法治国，这是国际经验。我们依靠法律打开了海洋的门户，今后也要依靠法律开展工作。第二，工作要高效。未来的工作少不了同外国人打交道，要让他们知道，我们中国人在工作上并不比他们差。第三，就是对自我修养的要求。要特别注意自己的政治修养，政治上要特别严格要求自己，像荷花一样出淤泥而不染。

2月16日，公司挂牌第二天，我们就宣布第一轮招标开始。8号成立，16号就干起来了，每一天都不放松，每一天的时间都很重要。因为前期提出的合同模式已经得到了充分的探讨和认可，所以第一轮大规模招标的时候，这些国外大型石油公司表现得很踊跃，一轮二轮三轮招标都很顺利。

拓展：攻坚克难 永不止步

到了80年代后期，我开始接触一些下游的工作。也是在那时，大家提出中国海油要实现上下游一体化，不仅生产原油，还要炼制加工，做出化工产品，延长生产线。这也是石油公司发展的一般规律。

不过，也有人持反对想法，觉得我们产点原油卖就行了。但只有既产油又炼油，才能大大增加产值，才能为国家增大收益。当时的总经理钟一鸣同志找到我，说："老尤，咱们也要吸收外国经验，发展上下游一体化。要做，我们就要做第一流的！"

1987年，我们成立了炼油项目组，开始市场调查、厂址勘察和合作方选择等工作。壳牌在技术和管理方面都有很强的经验，沟通的积极性也很高，于是考虑和他们开展合作。不过，壳牌更感兴趣的是化工领域，也就是把石油进一步加工成高层次、多品种的化工产品，并没有提炼油的事情。像壳牌这种大型石油公司技术发达、专利也多，既然机会来了，我们就要抓住，于是赶紧组织了石化项目，也就是后来的南海石化。

和壳牌合作，对我们来说是一个不错的学习机会。但是真正宝贵的核心技术，他们是不会轻易教给我们的。在我们国内，也涉及占地、用水等各种协调事项。这些原则问题、效益问题、专利问题要怎么解决？需要我们扎实地开展可行性研究。在考察了多个地点后，我们一致认为惠州大亚湾在地理条件、市场情况等方面都很适合，最终推动项目获得批准，之后就是建厂、成立合资公司，2006年成功投产。

同样让我难忘的，还有我们自己发展起来的惠州炼油项目。当时我已经退休了，但组织相信我，让我做了惠州炼油项目专家组组长，筹备1200万吨的炼油厂。一方面，炼厂以后要加工含酸重油，需要特殊的工艺；另一方面，单套1200万吨也是当时国内最大的规模，所以这个项目的难度也很大。最后，我们用上了各种各样的先进装置，建成了世界级大型炼油厂，加工我们自己的原油。

2009年炼油项目投产，厂区炼塔如林，非常壮观。看到此情此景，我难掩内心的激动。从和壳牌合作的南海石化项目，到自己建成的惠州炼油项目，我们把下游技术发展起来了，实现了上游下游一体化，中国海油也逐步成长为一个高产值的石油公司。

四十年来，中国海油的产量从一开始的9万吨，到现在油气突破1亿吨，发展的成绩是显著的。总结来说，我觉得有三条经验。一是把党的方针政策贯彻好，把党的任务记心间，永远听党话、跟党走。企业的发展离不开党的指导，好好学习党的精神、钻研党的政策，给党做实际贡献。二是把人才队伍培养好，刻苦学习努力工作，不怕苦不怕累完成任务。攻关任务、技术关键、发展关键，只要是党交办的任务，就要把钉钉子精神拿出来，把任务攻关下来。三是坚持走创新之路。不管做什么工作，都敢于打破常规、研究创新方法，把新的东西、尖端的东西开发出来，让公司进步得更快。党也是一直在进步的，所以我们千万不能落后，要与时俱进。每一个海油人也要有革命精神、有战斗力，在各种各样的岗位上把工作做到出类拔萃，就是对党的很大贡献。

（作者系中国海油原副总经理，本文刊于《中国海洋石油报》2022年6月10日04版）

发展LNG产业　开创一项事业

唐振华

大学毕业后，我曾在玉门工作过一段时间，然后去参加了四川会战、大庆会战。后来，当时石油工业部的张文彬副部长点名让我参与海洋石油对外合作的工作。一开始我还有点犹豫，觉得对外合作要和外国人打交道，我自己的外文又不好，担心不能做好这一路工作。但是组织上表示了对我的信任和信心，我与海洋石油的故事就这么开始了。

谈到海洋石油的发展，对外合作是第一要务。那个时候，我们一没资金、二没技术，办公室都是从石油工业部的机关里挤出一点房子，前后又搬了几次家。总的来说，海洋石油的起家是一无所有，靠大家的艰苦奋斗和对外合作一步步积累起来。所以说，我们海洋石油的一个显著特点，就是对外开放和自力更生、自强不息相结合。国家提供一部分资源作为对外合作的基础，而我们就要通过对外合作来学到人家的本事，把自己的海洋石油发展起来。这个方针，不管叫作“两条腿走路”，还是叫作“内外结合”，都有一个基本原则，就是要自力更生，自己成长起来。其中，LNG（液化天然气）事业的发展，就是我们在国内的一个创举。

最开始的时候，国内很少有人知道LNG是什么，在国外也是日本等少数几个国家在使用。在筹备崖城13-1气田的过程中，为了寻找销售市场，我们曾想过把海上生产的天然气做成LNG，输送到日本去，因此对

LNG行业的技术、市场、前景都进行了调查。虽然最后没有走这条路，但是我们想到，既然人家可以用LNG，我们应该也可以。所以对此念念不忘，希望能打开LNG的发展局面，给国家多增加一种能源。

第一步，就是取得领导班子的一致意见。我跟王彦同志汇报了以后，他表示同意。因为那时天然气进口主要是靠管道气，中国的区域那么大，管线铺设的难度也大，加上我们海洋石油在这方面本来就缺乏基础，因此发展管道的难度很大。而LNG则是一种很方便分散运输的液体，虽然要贵一点，但从国外的实践来看，这个成本是可以承受的。我们的海外合作比较多，LNG也是一个适合我们发展的方向。大家看到了LNG的好处，就团结一致地推行，许多的努力就从这里开始了。

第二步，就是要取得上级部门的同意。我们带上文件、资料，找各个部门逐一汇报沟通，讲清LNG的好处和前景，把各种因素都通盘考虑进来，把缘由说清楚、说具体，提议先蹚路试试看。这样以后，国家计委就委托我们来牵头组织进口天然气项目的技术研究，充分对国内外的资源、市场进行研究，对LNG的资源选择、接收终端的选址布局做出方案，最后形成了一份东南沿海地区利用液化天然气和项目规划报告，一切水到渠成。

第三步，就是充分获得地方的支持。有令则行，得到上级部门的许可，是一个良好的开端。但另一个重要的因素，在于地方。市场在地方，地皮在地方，将来大量的工作都在地方，要想做成LNG，就离不开地方的支持。

就拿广东来说，早在为崖城13-1天然气销售市场考察的时候，我们就已经和广东建立了沟通，希望通过管道让天然气从广东上岸。虽然最后因为在照付不议等问题上没有达成一致，但对彼此已经具备了一定的了解。因此，在推行LNG的时候，我们也把广东作为一个重点。但在当时，大家对于LNG还很陌生，他们觉得在这方面没有工作经验，所以没有同意。

第一次吃了闭门羹，我们并没有放弃，决定换个方向试试。我带上当时天然气办公室的同志，一起去省里做工作，主要表达了三个意思：第一，国内在做LNG方面确实没有经验，但我们可以先搞试点；第二，我们还是倾向于在广东先行，具体选址都可以商量；第三，可以由中国海油牵头，也可以由省里牵头，具体工作我们来执行。我的想法是，这么大的项目，一定要真心实意、真诚合作，一定要尊重人家、重视人家，否则的话，是干不成的。

果然，人家被我们的诚意打动，最终决定，还是由中国海油来牵头，并在广东省成立一个LNG领导小组，深圳、惠州、珠海等几个城市的副市长都参加了这个小组，这样就获得了省里的支持。研究之后，决定把站址选在了深圳，也就是现在大鹏LNG的这个位置上。

在推广LNG的过程中，总会遇到这样或者那样的一些困难，但是我们最终都克服了。如果要我来总结，我觉得做事和做人的道理是相通的。只有平时保持虚心，尊重他人，才能在合作中也让合作伙伴感受到尊重。始终要尊重对方的意见，特别是一些反对的意见，首先要想一下人家说得对不对。如果对的话，当然要按照人家的意见来办；如果不对的话再想怎么去说服人家、推行自己的主张。

现在，LNG已经成为中国海油的重要组成部分，天然气销售很大程度上要依靠LNG，在产值中占了不小的比重。在国内的LNG行业中，我们也可以说是处于领军地位的。应该说，LNG的引进是中国海洋石油一代人开发、几代人传承的成果。因为引进了LNG，创造了一个板块，发展了一个事业，为国家增加了一个新的能源品种，对国家的发展也是有好处的，这个事业还是要继续下去。

随着时间的增加，年龄的增长，我越来越觉得党对我的关怀很多，而我自己对党的贡献还不够。一路走来，都是党一直在培养我。我们党一直在与时俱进，但是不变的是为人民服务的宗旨和初心。所以我认为一个最简单的道理，就是听党的话，按照党的指示来行动。党这么说，你就这么认真去做。可以做不到，可以不成功，也可以不断吸取经验教训、渐渐做好，但是做总比不做要强。

（作者系中国海油原副总经理，本文刊于《中国海洋石油报》2022年6月13日04版）

对外合作　为海洋石油工业开启光明之路

高怀忠

今年是中国海油成立 40 周年，在一代代海洋石油人接续奋斗中，公司的规模、资产、生产能力等方面有了大幅的提高，具备了全方位的油气资源开发能力和水平。看到公司发展蒸蒸日上，朝着中国特色国际一流能源公司的目标稳步迈进，我感到非常振奋。

作为石油战线上的一名老海油人，我亲眼见证了我国海洋石油工业从无到有、从弱到强的跨越式发展，尤其能深切感受到公司变化之大、成长之快、发展之迅猛。回望中国海油40年的发展历史，能取得这样的辉煌成就，离不开一代代海洋石油人的自力更生、艰苦奋斗，也离不开对外合作为公司发展提供的强大动力源泉。

自力更生、艰苦奋斗的精神意志

1965年，石油工业部提出“上山下海，大战平原”的战略方针，在全国范围开展了一场石油会战。1966年，在天津塘沽，设立了华北石油海洋勘探指挥部，海洋石油的先行者们就在那个地方做了很多艰苦卓绝的探索，尽管条件很简陋。

当时搞物探，没有船，怎么办？就租用民船，租用帆船，借用部队的船，把设备装上去搞物探。选择靠近岛屿的地方，围海打井，建了固定的钻井设备，在固定设备上打井。那个年代遇到的风险和灾难很多，大风大浪、海啸海冰，付出了许多血汗，有了早期的石油产量，也有很多牺牲。

1970年以后，我们逐渐认识到开发海洋石油要有自己的装备，和外边的造船厂和研究机构合作，陆续建造了钻井平台、采油平台、起重船等等，对海上油气开发充满了憧憬和期待。但是进一步的开发，就遇到了很多难题，包括资金缺乏，技术能力不够，缺少一支高效率的海上队伍。而当时国外的石油公司，已经建立起一套规范的油气开发体系。

1978年3月26日，党中央作出海洋石油工业对外开放的重大决定，这不仅是共和国发展史上的一个重大事件，也是海洋石油工业发展史上的一个关键时点，由此开启了对外合作的探索之路。

当时，石油工业部决定对外合作从渤海做起，在渤海划出一块地方来做试验田，要是成功了，就在全国推广，这个时期我正好在渤海。石油工业部对外签订了一系列合同，其中就包括在渤海和日本埕北石油开发株式会社签订了埕北油田的开发协议。

当时我们渤海上上下下都很兴奋，觉得是一个新的开始，立刻动员起来，办了几件大事：设立专门的对外合作机构，管理和协调对外合作的一系列事项，协调地方资源，为外国工作人员工作、生活创造条件；对海上队伍进行编制定员和技术标准认定，精干队伍、优化队伍。

同时，前所未有地开展近乎全员的培训，对海上一线关键岗位进行考核发证、持证上岗这样的培训，当时的培训中心配置了几十台计算机还有钻井模拟设备，逐一对这些关键岗位进行培训。300多个船长、轮机长、驾驶员、轮机员送到专业部门脱产培训，考核合格后由岗务监督发证，就可以上岗了。

为了提高海上平台的制造质量，请来专家对几百个电焊工还有无损探伤工，进行了几个月的培训，全部合格拿证。其中80名电焊工还拿到了挪威船级社最高等级的证书，这是很难得的。我们在和日本人的电焊工操作比赛当中，拿了第一，大伙儿很受鼓舞。还选了很多业务骨干，到各个大学里学英语、学专业知识，还派出了两百多人到国外去交流。

无论是培训、学习、交流，我们都是为了适应对外合作的需要，学习外国的规则、管理理念。那个时期，渤海上下整个轰轰烈烈地开展大学习，大伙儿像海绵一样努力吸收国外的先进经验，队伍素质得到极大的提高。

从一参加石油队伍开始，我就深深感受到，自力更生、艰苦奋斗，矢志不渝为国家贡献油气，这是深植于每一个石油人内心的一种精神，一种意志。40年走下来，因为有这种精神意志，所以我们在任何艰难困苦的情况下都能去争取胜利，也是因为有这种精神，我们才有了早期的积累，有了自己的队伍，有了自己的油田，有了自己的装备，还有了自己的产量，尽管很少，最重要的是形成了对海洋资源开发的规律性认识。

有了这些积累，才可以在后期的对外合作当中，有底气有资本跟外方谈判，跟外方合作。外方的先进技术、资金等等，才能顺利承接，转化成我们自己的队伍、自己的能力。这种精神意志任何时候都不能丢，是我们发展壮大的根本。

改革开放、对外合作的动力源泉

海洋石油工业对外开放，我们给世界打开了一扇门，世界也给我们打开了一扇门。国外的先进技术、先进的组织管理方式、先进的理念还有资金都通过这扇门引进进来了，让我们开阔了视野，增长了本领，海上石油勘探开发就进入了一个快车道。

和日方签订石油合同后，我们就先后发现了渤中28-1、渤中34-2油田，获得了高产油气流，中日双方都很兴奋，一下子旗开得胜，后来在渤中那一带有了一系列构造发现。这两个油田建成后，在很长一段时间内，是渤海产量的一个支撑。

在对外合作中，值得一提的是反承包模式。在钻井、地震数据采集等领域，按照同等优先这种方式，用我们素质达标的队伍给他们提供有偿服务。几年下来，我们的队伍得到了锻炼，同时也利用了闲置能力，获得了不菲的收入。

中外合作开发的渤海埕北油田和南海涠洲10-3油田，通过操作地位的顺利转移，成为中国海洋石油作业队伍“反承包”作业的主战场，在特定的历史时期创建了最佳的合作模式。

过去的埕北也有导管架、有简单的油田，但是很简陋，也不是现代化油田。与日方合作后，我们按照国际规范、国际标准来建设，我们自己的队伍也参与其中，油田建成后，这些人成为我们后续其他油田建设的专家和骨干，培养了一批批现代化海洋石油人才，被誉为海洋石油的“黄埔军校”。

1982年总公司成立后，提出要合作和自营两条腿走路。当时渤海利用对外反承包作业的外汇收入，组织队伍到辽东湾去开展自营勘探。有了资金，队伍能力也提高了，又有了合作的经验，辽东湾的工作进展顺利。1984年，勘探发现了锦州20-2凝析气田，后来我们将其开发建设成为我国第一个现代化海上自营油气田；1987年，勘探发现了绥中36-1这个大油田，是当时中国近海储量最大的一个油田，大伙儿也兴奋得不得了。从1988年开始，锦州9-3、锦州21-1等3、4个含油构造，都陆续发现了。绥中36-1建成后，一直是咱们渤海的主力油田。

当时，对外合作的意义已经大大拓展了、延伸了。反承包、自营实际上是中外双方互相融合、互相促进，知识没有国界，只要开放了，学习吸收了，本领就是你自己的，就可以多管齐下多方面获得收益，我们就觉得对外合作这个路子走的是对的。

进入90年代中期，第二次对外合作高潮到来。我们在1996年发现南堡35-2油田，1997年发现渤中25-1油田，1999年中国海上最大的整装油田蓬莱19-3破壳而出，探明地质储量6亿吨！这一消息，吸引了全球石油界的目光，也大大坚定了在渤海湾投资勘探的一些国外石油公司的信心。

1999年到2000年，曹妃甸11-1、曹妃甸11-2、旅大27-2、蓬莱9-1、蓬莱25-6等大中型油田蜂拥而现，与蓬莱19-3一起，储量达近20亿吨！无论是自营发现，还是合作发现，这些油田共同奠定了渤海湾成为北方重要能源基地的坚实的物质基础。

海上油气开发一定要顺应大势，那个时候的形势，就是对外开放，利用国际石油公司的能力来为我们服务，实现我们的高速发展。

发展到今天，公司逐渐强大起来了，但和世界先进水平比，还是存在一定的差距。我们的发展，不仅仅是公司自身的要求，也是为党和国家巩固执政基础，海油是在经济领域为党工作的，海油的发展壮大也一直是在党的坚强领导下实现的。现在国际形势又有了很多深刻复杂的变化，在这种情况下，我们要继承优良传统，不断向世界先进学习，时刻对标国际先进石油公司，把自己置身到先进之列，这是我们应该长期坚持的一个路线。

很庆幸我们海油一直以来都有一支高效精干、作风优良的队伍，为公司发展提供了强大支撑。队伍里头最关键的部分是年轻人，知识面很宽，很有创造精神，想象力也很丰富，干起事来效率都很高。希望我们海油的年轻人，要勤于学习、善于学习，发扬奉献精神、勇于担当、敢于创新，要脚踏实地、严谨务实的做好工作，努力成为各个领域的人才，站在前人的肩膀上攀登更多高峰。

（作者系中国海油原副总经理，本文刊于《中国海洋石油报》2022年6月6日04版）

能源报国四十载
碧海丹心永向党

曹兴和

中国海油成立四十周年了，我国海洋石油工业在党的领导下，自力更生，艰苦奋斗，实现了从无到有、从小到大、从弱到强的跨越发展。一代代海洋石油人凭借“一不怕苦、二不怕死”“革命加拼命”“有条件上、没有条件创造条件也要上”的精神、艰苦卓绝的奋斗，把中国海油建设成为一个国际化的企业集团。作为海洋石油工业创建时期的参与者到后来的领导者，我见证了海洋石油工业成长的全过程，也亲历了很多可歌可泣的动人事迹。写此文以缅怀那些创业先驱，并希望年轻一代不忘历史，将先辈的光荣传统传承下去，继续发展壮大海洋石油工业。

艰苦探索 成功钻探海一井

1966年，海洋勘探指挥部在天津塘沽成立，隶属于石油部641厂。成立之初仅有几十人，到60年代末也仅有400余人；机构设置有政治处、设计室、机修班、工程队；两艘海军退役的舰艇“海渔26”“海潜506”。3206钻井队在租用的港务局14段码头，建起了第一个钻井平台——海一井平台。

1966年10月，我随3206钻井队调到海洋勘探指挥部，承担海一井的钻探任务。60年代的渤海湾，天气异常寒冷，我们乘坐敞篷大卡车从河北黄骅县张巨河村刚完钻的一口探井驻地奔向塘沽。那时没有楼房，指挥部机关在现在的渤海港区的几排平房里，我们一百多人的钻井队临时借住在一所小学教室里，房间里没有取暖设施，大家就穿着道道服，戴着狗皮帽子，不脱衣睡觉。休整了几天后，我们坐着渔船奔向海一井平台，腰里扎着草绳子，自带铺盖卷，提着网兜脸盆。海上工作一个月下来休息七天，实行三班倒工作制，24小时不停钻，有时每班要连续上班12小时，即从晚八点到早上八点。从海上回来休息的一行近二十人在救助站码头下船，零零散散步行回驻地。“石油工人油脖子、腰里夹个饭盒子，远看像是要饭的，近看是个勘探的”，就是当时的真实写照。

海一井于1966年12月开钻，这个简易平台异常简陋，基本不具备生活条件。我们住在一栋没有内饰的铁皮房子里，三角钢焊接的双层床铺，上边铺着稻草帘子，床位不够就睡泥浆槽子，寒风凛冽，滴水成冰。有一次，我实在冻得厉害，就跑到发电机房舱，在满地油泥的地板上睡。平台上每层搭着没有固定的木板，要十分小心，稍不留神就会踩翻木板掉进大海。尤其是夜里，大家上厕所要相互告知，如果时间长了不回来，就会有人去找，防止落海。班长会经常清点人数，防止人员失踪。当时3206钻井队一共有四个钻井班、一个地质气测组、一个炊事班。其中一个班在陆地倒休，在海上的只有三个班。每班接班前召开十分钟的班前会，下班后要开班后会。班前会由班长交底当班的生产任务和重点工作以及注意事项，班后会总结当班的工作。地质、钻井技术员要进行工作交底，比如当班期间如果遇到异常地层，要重点关注。当班进尺要量化，每班都有带班干部。实现了工人三班倒，班班见领导。

在如此艰苦的环境下，党支部是战斗堡垒，整个井队是一个团结有力的战斗集体。当时队里的指导员是党员，危险时刻冲在前，名利之事让别人，处处起模范带头作用，是全队的领导核心和主心骨。即使条件有限，我们所有业余时间也按时安排党组织活动，“三会一课”从不间断。没有电视，我们听广播内容进行政治学习。我当时任钻井队团支部书记，四班政治班长，负责全队的宣传活动，全队团结得像一个人一样。

海一井的成功钻探，是党的坚强领导和共产党员发挥先锋模范作用、发扬一不怕苦二不怕死的精神的结果。

喜遇油层 发现第一颗油砂

我当时在海一井担任地质采集员的工作。地质组的同志都分在各钻井班跟班录井。现场录井是钻探过程中的一项重要工作，因为必须取全取准第一手资料。记得那天晚上，已是深夜了，地质组办公室在钻台旁边的铁皮房里，要求每钻一米取一盒砂样。那晚钻到了砂层，钻头像掉进了一个大窟窿里，通知捞砂样的铃声一声接一声。一个人值班要跑到平台下一层泥浆槽里捞取，用铁锹在滚滚循环流动的泥浆池里捞出砂样，用清水清洗干净，放到平台唯一的电烤箱里烘干，并做上深度标记。交班前需把烘干的砂样逐包拿到暗室，用镊子逐粒在荧光灯下照射寻找油砂。在寻找中，我突然发现一颗晶莹透亮的油砂在紫外线的照射下分外显眼。之后，又在不同的深度发现了同样的颗粒。当时，我兴奋的心情无以言表，当即向地气组长报告。他立刻起床跑来鉴别、分析，判断是油层，然后又找来各种资料进行对比，确定了油层的深度之后，报告了指导员。

消息传开，全队沸腾了。之后报告指挥部，当即停钻！电测队、取心队都来到平台进行感应测井、取心等一系列作业，确定了油层厚度。记得第一颗油砂是在明化镇组下段属新生代浅层油藏，之后决定继续钻进，一直钻到3000多米，穿过砾石层，在东营组－馆陶组都发现了良好的油气显示，直至沙河街下段都有新的发现。海一井在歧口凹陷的张巨河构造带上，与3206队来海上之前在张巨河打的井在同一构造带上。

海一井成功钻探并发现工业性油流，在海洋石油史上意义重大，影响深远，由此拉开了我国海洋石油工业的序幕。为此，国务院专门发来贺电。在海一井之前，海洋勘探指挥部也进行过其他探索，比如1965年曾在曹妃甸放灯塔的地方打井，承担钻探任务的是1806钻井队，这个井队有三上曹妃甸之说，就是遇到风就下来，风浪过了再上去，第三次上去遇到大风浪，人员最后爬到灯塔架子上才幸免于难。这个队后被调回641厂，经受了生死考验，被授予“硬骨头钻井队”称号。这种探索失败之后，才确定了海一井土法建造导管架的模式。

万众一心 人拉肩扛建基地

1969年冰灾之后，海上的勘探进入停滞状态。指挥部的工作重点是动员全员投入基地建设，当时的指挥部仅在靠船闸处上有一小片地方，一栋两层小楼，办公用一栋四层综合楼，几栋平房。全部职工大概四百五十多人，干活的主力就是钻井队。当时现在的港区往南都是碉堡和芦苇荡，在没有任何机械设备的情况下，人拉肩扛，利用潮汐时间围堰，凌晨五六点落潮时刻，所有员工一块干。年轻的员工穿着皮背带裤在落潮的最前沿，冒着冰冷的泥泞，靠人传人将一袋袋草袋堆成围堰，有时头天围的草袋第二天涨潮又冲没了，屡垒屡冲，屡冲屡垒，终于围起了一道拦潮坝。大片滩涂靠外地拉砂运土水泥来填充，这时大量的基地建设工程摆在面前，海上打井已基本停止，用驳船从山东龙口拉砂，冬天冒着凛冽的寒风，夏天头顶烈日，在驳船的铁甲船舱里卸砂。舱里温度接近50摄氏度，像蒸笼一样，我们这些年轻人只穿一条短裤，拿着大铁锹一锹锹地把几千吨砂子一点点吊到地面，再用手推车运到工地。人一到舱里还没干活，就已汗如雨下。就这样，年轻力壮的干重活，年老体弱的挖管沟，铺供水供暖管线，靠指挥部的几百名员工，靠自己的双手，初步建成了基地。

在此期间，因有大量的建材要在国家计划内才能运回来，指挥部申请外汇，从日本购进一大批运输车辆，成立运输大队。这期间指挥部进行了机构调整，成立了港口建设大队、工程预制大队、钻井采油大队、指挥部机关，按军事化设立指挥部机构，机关设政治处、生产部、后勤处。这一时期，石油部从滇黔桂勘探指挥部、江汉油田会战指挥部调来一批技术人员和施工队伍，32344钻井队也从江汉油田调来。

后来，我被派往新设立的钻采大队负责组织干部工作，协助教导员完成组建工作。之后，运输大队成立，我调任运输大队担任四中队指导员，这个中队就是新引进的五十台日本卡车组成的，是当时运输物资的主力队伍，跑遍了全国各地，保障了基地建设的物资供应。这个被华北会战指挥部授予拒腐蚀永不沾的运输四中队，是当时指挥部唯一的标杆队。

那个年代，荣誉是至高无上的激励。在物资匮乏、吃不饱穿不暖的情况下，我们硬是凭着一种精神力量完成了基地建设的任务，为后来发展打下了基础。

中国海油成立 进入新的发展阶段

海上勘探基本停滞后，当时渤海还有三个钻井队，即原3206队改为32147钻井队，加上后来从江汉油田调入的32344、32345队，除全力投入建基地外，就是学习整训，抽空在西沽打了塘十井。

我当时作为指挥部工作组成员在该队蹲点。

记得是一个星期天，我正在帐篷里洗衣服，突然听到井场传来刺耳的报警声。警报就是命令，我放下脸盆，顾不得换工作服，和大家一起快速冲向井场。井口原油、天然气、泥浆汹涌而出，发生井喷了。大家二话不说直奔井口，很快关了防喷器，井喷止住了。但滚烫的油气混合液体从头浇到脚，已分辨不出人的模样。指挥部派来一辆皮卡，上面铺满了草袋子，我们奋力爬上卡车，开往指挥部。沿途引来很多路人围观，他们不知车上满身黑乎乎的都是什么人。到了指挥部澡堂前，卫生所医护人员用棉球逐个先把每人的脸部擦洗干净，再进澡堂清洗，清洗之后，脸部都是红肿状态，灼痛烧脸，又擦上凡士林。钟一鸣指挥看望了大家，充分肯定大家一不怕苦、二不怕死的精神。那时整个队伍的精神状态非常高涨，危险关头、艰难困苦都不在话下。人人生活在组织之中，大家的共同心愿就是尽快找到大油田。

70年代末80年代初，海洋石油勘探指挥部更名为石油部海洋石油勘探局，南海西部石油勘探指挥部、东部海洋石油和南黄海（后改称东海）石油勘探机构相继成立。1982年，中国海油成立。从此，我国海洋石油工业走向了新的发展阶段。之后，四海公司分别更名为渤海、南海西部、南海东部、东海四个地区公司。渤海最大，西部次之。拥有渤海和西部两大基地。同年，《中华人民共和国对外合作开采海洋石油资源条例》出台，国家专门设立中国海油作为国家公司，负责执行该条例。为一个公司而专门设立一部法律，在中外企业发展史上是绝无仅有的。

我国的海洋石油工业从起家到发展壮大，都是在党的坚强领导下实现的。每到关键时刻，党就给我们指明方向，每当遇到困难，党就协调组织各方全力支援。

在党的领导下，海洋石油事业必将走向新的辉煌。

（作者系中国海油原副总经理，本文刊于《中国海洋石油报》2022年3月2日04版，内容有删减）

继承发扬大庆精神 发展海洋石油事业

张云中

1980年4月，我从大庆油田调至南海石油勘探指挥部（简称南油）工作，加入了海洋石油队伍。该单位在广东省湛江市，当时是石油工业部直属企业，负责南海海域石油天然气的勘探开发。1982年2月15日，中国海油在北京成立，然后在广州成立了南海东部公司，在湛江成立了南海西部公司。尔后我在西部公司工作了近二十个年头，直到1999年调到总部。2004年退休后，我和家人每年春节前后都会在湛江居住一段时间，因为这里有我许多过去朝夕相处的同事和战友，更有我对这片蓝色国土的挚爱和深情！

人老了，怀旧成了常态。今年喜逢中国海油成立40周年，总想回忆点什么，但又常不知从何说起，因为这40年来，值得点赞的人和事有太多太多。

大庆岁月里的大庆精神

上世纪60年代初，来自几个陆地油田的两万多名员工带着各自的装备，风尘仆仆奔赴大庆参加石油大会战。“石油工人一声吼，地球也要抖三抖！”“北风当电扇，大雪当炒面，为了拿下大油田，干！干！干！”“苦不苦，想想长征两万五！累不累，比比革命老前辈！”为了早一天开钻，人拉肩扛，破冰取水；为了早一天出油，在牛棚里办公，在地窖里睡觉；以铁人王进喜为代表的大庆人在实践中认识到，艰苦奋斗精神是战胜一切困难的法宝。

1960年初开始的大庆石油会战，是在我国困难的地方、困难的时候、困难的情况下进行的。大庆人顶着压力，肩负摘掉贫油国帽子的重任，人拉肩扛，战天斗地。大庆石油会战实行边勘探、边开发、边生产的战略，仅用三年时间，就拿下了大庆油田。基本搞清了大庆油田的面积、储量，累计生产原油一千多万吨。1963年12月2日，周恩来总理在二届全国人大四次会议上庄严宣布："我国需要的石油，现在可以基本自给了。"1964年，毛主席发起了"工业学大庆"的伟大号召。

1975年底，我从大庆钻井战线调到大庆第一采油指挥部，即现在的采油一厂，担任党委书记，这是大庆最早开发生产的油区，那时的年产量已经超过1000万吨。其间，我在那里体会最深的就是员工的科学求实精神。三矿四队的“三老四严”，李天照井组的“四个一样”，北二注水站的“岗位责任制”等，都是在实践中总结出来的先进经验。那时不管到哪个采油队的井组，随便问一个采油工人：你们管几口井，每口井有几个油层，地质储量是多少，采油速度是多少，以及孔隙度、渗透率、储采比等问题，他们有问必答，百问不倒。“三老四严”“四个一样”的好作风，已经成为大庆人的行为准则和自觉行动，为大庆油田高产稳产提供了可靠保证。

1966年元旦，大庆1205和1202钻井队的井场锣鼓喧天，热闹非凡，大庆党委和钻井指挥部领导先后来到井场，向两个钻井队的职工，发出了“重视安全抓质量，年上5万米；稳稳当当持久战，全面大提高”的号召，为建设大庆、发展大庆作出新贡献！这年的5月3日，周恩来总理陪同外宾来到我们1202钻井队井场，登上钻台同我们一一握手，还询问我们工作和生活情况，我们都激动不已。我们两个钻井队的队长当场向周总理表示，要年上十万米，把原计划翻一番。周总理十分高兴，说年底完成了任务要向国务院报喜，到时候一定向你们表示祝贺。这一年的12月26日，两个钻井队用本队的一台钻机，靠50多名职工的日夜奋战，排除一切干扰，各自打了84口井，年钻井进尺分别突破了十万米。优快钻井，加快了大庆油田建设的步伐，1976年，大庆油田产量突破5000万吨，并且在此高度稳产了28年。

大庆精神最新的定义是：爱国，创业，求实，奉献。即为国争光、为民族争气的爱国精神；独立自主、自力更生的创业精神；讲究科学、“三老四严”的求实精神；胸怀全局、为国分忧的奉献精神。中国海油40年的发展壮大，既从一个侧面体现了我国改革开放的丰硕成果，也贯穿于继承发扬大庆精神的整个历程。

大庆精神闪耀蓝海

大庆石油会战打响不久后，中国南海雷州半岛的美丽港城湛江，也聚集了一批热血青年，他们用几十个空气油桶排放成行捆绑在一起，作为简易钻井平台，根据渔民发现的油苗信息，土法上马，在近海开始了创业。十多年后，引进了“南海一号”和“南海二号”钻井平台，才真正拉开南海石油天然气勘探开发的序幕。

20个世纪80年代初，南海的油气生产还是一片空白。我到湛江的时候，南油基地仅有几栋五层以下的楼房，很多员工还住在席棚房里。在台风季节，天上下大雨，房里下小雨，整个房顶被大风掀开也是常事。那时西部公司领导在木板房里办公，夏天汗流浃背，隔一会儿就要到水龙头下冲冲凉。在海上一线工作的同志就更艰苦了，钻井平台上的员工一年才有几十天的探亲假，从海上回到陆地晕头转向，一时辨别不了方向，走路像踩在棉花上。大庆的严冬和湛江的炎夏，温差有80多摄氏度，这让我深刻体会到，不一样的艰苦环境，一样的艰苦奋斗，靠的就是石油人的优良传统，靠的就是大庆精神、铁人精神。

1982年，中国海油成立之初，正赶上中国改革开放的好时期，国务院为中国海油对外合作专门颁布了条例。四十年来，同各国石油公司的合作总体是顺利的、愉快的和有成效的。经过几代海油人的努力奋斗，中国海油2010年国内油气产量达到5000万吨，建成“海上大庆油田”；2015年的油气当量突破一亿吨，2022年渤海油田建成国内第一大原油生产基地，为我国社会主义现代化建设贡献新成绩。

海油人的铿锵岁月

第一代海油人大部分来自各陆地油田，旱鸭子下海必然有个学习和适应过程，特别是在对外合作勘探开发海上石油的大背景下，海洋石油人面临着新的考验。

海油人继承发扬大庆精神、铁人精神，培养出一批批先进典型。

1976年起，刘家南先后在“南海一号”“南油二号”钻井船上任副船长。为了尽快掌握使用从国外引进的先进设备，以及应对即将展开的大规模对外合作勘探开发南海油气的需要，西部公司决定，让刘家南同近百名员工一起学习英语。经过一年多培训，刘家南回到岗位后，能够阅读英文资料；同外国技术人员相处，有了更多交流机会；虚心向外方学习，努力充实自己，成为他们的共识和自觉行动。以刘家南为代表的第一代南油人，后来大都成为海上一线的骨干。

任松辉是1976年调到南油的老工人，电焊技术水平首屈一指。他先后参加过“南海二号”和“南海一号”钻井平台的改造工程，后来还参加采油平台的建造。凡是他参与的作业，都做到了项项工程质量全优，道道焊口经得起高压高温的长期考验。任松辉的工作态度和高超本领在南油有口皆碑，后来他被评为全国劳动模范。

中国海油成立之初，资金、装备、技术和人才都十分缺乏，满足不了对外合作的需要，特别是关键核心技术和关键岗位都掌握在外国人手里。在这种背景之下，郝振山加入中国海油，到“南海六号”当了一名甲板工。“南海六号”是一条当时刚从国外引进的半潜式钻井平台，设备繁多，操作复杂，所有关键岗位人员都由作业者花重金从国外聘请，特别是司钻岗位，牢牢控制在外国人手里。“外国人能干的，中国人也一定能干！”“我们决不能在外国人的屁股后面爬行。”郝振山首先想到的是，只有攻破外语关，才能看懂有关设备和技术资料，为下一步熟练掌握打下基础。他用三个多月时间，学习掌握了1600多个英语单词，并熟悉了平台上300多台设备和工具。1994年10月，25岁的郝振山从外国人手里“夺”回刹把当上司钻，他是在钻井平台上顶替高岗位的海油人。后来，郝振山到“南海二号”担任平台经理，带领这支队伍南征北战，在国内外创造了很多值得称道的业绩。十五年来，他的团队共打井三百多口，累计钻井进尺九十多万米。2010年，郝振山被评为全国劳动模范，中国海油党组授予他“海上铁人”的光荣称号。

俱往矣，峥嵘岁月稠。数风流人物，还看今朝。

（作者系中国海油原总经理助理，本文刊于《中国海洋石油报》2022年3月14日04版）

十年磨一剑　气龙终腾飞

张鸣治

1959年7月，我从上海社会科学院毕业后，被分配到石油部，在计划司工作。1982年中国海洋石油总公司成立后，需要抽调一批干部，当时我是计划司的副司长，报名参加了干部抽调，领导批准后，我就来到了总公司，在秦文彩总经理麾下担任计划部经理。从1982年到1998年，我在海油的这16年，其中有10年时间是为崖13-1项目而奋斗，这段历程给我留下了深刻印象。

1982年9月19日，经过艰难的双边谈判，总公司和美国阿科中国有限公司及圣太菲矿业（亚洲）有限公司签订了《在中国南海莺歌海盆地部分海域合作进行石油和天然气勘探开发和生产的合同》。

中美双方以前所未有的热情投入勘探工作，经过地球物理勘探与钻井作业，1983年终于在琼东南坳陷西部合同区发现了崖13-1气田，初步证实约1000亿立方米的可采储量。

海上气田开发的投资非常巨大。而天然气不像原油那样可以在常态下储存，上游的开发设施、管道等都是为特定的用户设计建造的，下游用户的设备设施也都是根据特定的天然气原料设计建造的。在国外，对于天然气资源商业价值的评估，关键就看能否找到用户，找不到用户，气田再大，也没有商业价值。所以当时虽然发现了崖13-1气田这么一个大宝贝，但是如何找到用户、收回投资是最大的问题。

为了开发气田，中美双方一方面继续对气田进行评价，落实储量，另一方面积极寻找天然气市场。1985年8月，国务院第80次常务会议研究崖13-1气田下游利用方案，决定建设一条从海南岛南山至广东深圳、总长996公里的天然气输送管线。为此，总公司在广州成立了天然气利用公司，由唐振华任总经理，我担任副总经理，公司负责输气管线的勘察、设计、施工和经营。

我们在管线沿途40多个市、县成立了天然气利用领导小组，签订销售合同22份，基本落实了气田年产34.5亿立方米天然气的使用市场。与此同时，我们组织技术力量进行管线的勘察、设计工作，经过一年多的努力，完成近千公里的线路详查，绘制了管线走势平面图，完成了穿越琼州海峡的可行性研究和工程设计，开展了预定穿过的28条大河、43条小河的工程勘察。

到1987年4月，管线的基本设计已全部完成，并开始进行建设管道的合同谈判、资金筹措、选择承包商和供应商等工作。但是，由于气田的储量尚需进一步落实和外汇平衡问题解决不了，天然气的利用工作暂时搁置了。我们需要和外方举行新一轮谈判，签订一个新开发协议。

1988年4月，在钟一鸣总经理的带领下，我们一行赴美进行谈判。

谈判期间，当时美国人傲慢的态度给我留下了深刻印象。在谈判桌上，我们坚持，尽管我们在油气开发领域是刚刚起步，可以向美国学习。但是作为谈判双方，坐在这个谈判桌上，双方就是平等的，必须遵守我们国家对外合作的规定，我们始终是平等互利的。

先后两次与阿科公司鲍林进行深入商讨、沟通、交流，我们终于达成了共识，从中方的总买方到双方共同寻找市场，从基本上由中方独自承担开发风险到双方风险共担。

经过一段时间的草拟和准备，1988年11月，崖13-1气田开发第二次补充协议于北京人民大会堂签字，宣布气田进入义务承担日，并商定再打一二口评价井，然后进入项目建设阶段。

随后，我们天然气利用公司继续为气田资源寻找销售市场，开展了海南化肥项目的可行性研究，珠江三角洲的天然气市场的综合考察、研究、评估，日本LNG市场的空间与可能性研究，等等。

广东省肯定了中国海油的前期工作，但列举了气价太高等几大问题，表示广东省目前尚不具备强行推进的实力。我们向当时的国务院副总理李鹏和国家计委汇报了这些情况。李鹏副总理提出，既然广东尚不适用，对外开放要坚持，崖城13-1气田要开发，你们就研究出口吧。

出口到哪儿？最现实的可能就是输往日本。到日本，铺设管道是不可能了，只能将天然气转化成为LNG。中国海油联络了当时日本最大的LNG进口商东京瓦斯株式会社，探寻用崖城气制造LNG的可能。从经济效益来看，液化设备和运输船的投入巨大，我们放弃了这种选择。

在我们为寻找市场花费了大量精力，作出了不懈努力后，功夫不负有心人，市场开拓终于取得了突破性进展，香港中华电力有限公司给我们提供了一个机遇。

1992年3月12日，崖13-1气田的天然气销往香港的原则协议签字仪式在北京人民大会堂隆重举行，买方是香港中华电力有限公司和埃克森能源有限公司。协议确定：1996年1月1日正式向香港供气，每年29亿立方米，合同期20年。1992年11月7日，中国海洋石油总公司、阿科中国有限公司和科威特国家石油公司对外勘探公司，在深圳签署了崖13-1气田开发和生产的总修正协议和每年向海南供气5亿立方米的销售购买合同。

经过十年的艰辛努力，终于达成了一个平等互利的对外合作项目。对于中外双方来讲，是一个很大的成功，气田勘探开发建设的投资回收得到保障，还实现了很可观的盈利。

1996年元月1日零时，来自崖13-1气田的滚滚气流通过700多公里的海底管线，源源不断地输送到香港和海南省。当时，香港正在准备回归祖国，我们的天然气资源供应香港，为满足香港的电力需求，促进香港的经济发展和保持长期繁荣稳定，起到了重要的积极作用。

今年恰逢香港回归25周年，崖13-1气田与“深海一号”等中国海油南海天然气田的开发建设，为香港发展作出了积极贡献，想到这，我与有荣焉，当年为寻找市场所付出的努力都是值得的。目前，听闻公司正在向着建设“南海万亿方大气区”目标努力奋斗，来自大海深处的绿色清洁能源将更多地造福我国经济社会发展，我充满了期待。

（作者系中国海油原总经济师）

扎根蓝色渤海　无悔奋斗岁月

林绍东

从大学毕业开始，我在渤海整整待了三十年。可以说，我这一生最黄金的时段都在渤海，所以我也有比较深的渤海情结。

众志成城建设新海二井

我是1969年毕业，1970年初到渤海报道、参加工作的。那会儿的渤海，严格来讲就是一片盐碱滩、一片芦苇荡，有一两栋很小的房子。我们那一届分配了200个大学生，其中有北京石油学院的，有上海海运学院，有天津大学等等。加上我们这些新分配的大学生，渤海也不过才四百多人。我记得很清楚，当时我们就在渤海的码头上扎根落地，实际上住的就是一栋一栋的帐篷。小小的帐篷里搭了双层铺，挤了24个人，条件非常艰苦。现在看起来不可想象，但在那种条件下，大家都很满足，都很快乐。

那时候分配工作也很有意思。报道之后，不管学校、男女，先让大家站成一排。看起来身强力壮的，就挑去做起重工。因为我比较重，在学校里也爱运动，就被分到了起重班，成为一名光荣的起重工。

我们到渤海的时候，这里刚刚发生了冰灾，海二井的平台被冰给推倒了。所以我们参加工作后，第一件任务就是制造新海二井的导管架和平台。一个海洋工程队工程队大概有八九十人，只有一台铲车，还有一台已经用了十几年的红旗吊，其余全都是靠人拉肩扛。制造导管架，要把很厚的钢板卷起来。现在我们都有很多先进的装备可以用，但在当时，只能把钢板用气焊接起来，然后架起炭火，靠人把钢板放到火上烤，一边烤一边敲，就是这样完成的。

我清楚地记得，到了工程队以后，大概每天平均工作13到15个小时，就是天天加班。那会儿唯一的待遇，就是晚上11点有一顿夜班饭，一般情况下吃完夜班饭就可以休息了。有的时候任务紧，吃完夜班饭还要干一会儿。因为我们干起活来生龙活虎，很快就和工人们打成一片。后来建海三井导管架的时候，为了抢工期，有一次36个小时连轴转不合眼，也不管白天还是晚上，就是这样一种精神。

新海二井出油之后，我们感到很高兴、很自豪。我们是第一代海洋石油工人，我们亲手造的导管架、造的平台，到海上安装，钻出油了，那是天大的喜讯，这是感到非常骄傲自豪了。

工程建设快马加鞭

在起重班工作的时候，大家比较认可我的劳动，所以半年之后我就做了起重班班长，负责开红旗吊。有时候我们会坐车回指挥部开会，钟一鸣同志就跟我们一起坐在解放车上.大家都穿着道道服，你挤我我挤你，所以很快他就对我们这200个大学生的情况了解得很清楚了。

1974年左右，我从工程队调到指挥部总调度室。在这期间，海洋石油要自己建第一个码头，引进一艘日本进口的起重吊装船。钟指挥有一次来调度室，我正好在值班，他就问我晕不晕船，能扛几级风。过了一段时间之后，他正式找我谈话，说海洋石油要建自己的第一个码头，引进一艘日本进口的起重吊装船。组织上反复考虑，想到我原来开过红旗吊，就让我当接船小组的组长。船上配备定员是十个人，从船长、大副到轮机长、水手，都需要我从渤海四百多人里一一挑选。后来，用了一个多星期，我们把船接了过来，翻译操作手册、安全手册、注意事项，慢慢从零开始掌握起来。后来这条船在渤海工程界干了很多项目，还去了泰国打桩、去香港施工。

到了建设渤海第一个码头的时候，就要成立港口建设大队。组织又把我调到港建大队做副队长，主管生产，也就是建码头。当时大家都不知道码头怎么建，我们就走访港务局等单位，调研了解建码头是怎么一回事，然后跟渤海一个基建所的几个设计人员一起研究，用了不到两年时间，把突堤码头建了起来。这个码头经历了地震和时间的考验，现在还在使用，证明工程质量是合格的。

后来，我们又着手修一个大船坞，当时计划是全国最大、最宽的一个船坞。为了造船坞，我们在海边围起来一个很大的水塘，用各种大排量的水泵把里面的海水抽干，形成海底边上的一块陆地，在里面深挖、绑钢筋、打混凝土。过程也是很曲折，经历过唐山大地震，经历过两次大海啸，一共建了七八年，才把船坞建成了。

全心全意为民服务

到了1985年左右，有一天我正在打桩船上和工人一起施工，听到广播里叫我的名字，让我迅速过去一趟。去了之后，经过谈话，我又临危受命，当了渤海水电厂的厂长。

水电厂这个单位，主要给负责给全局供水、供电、供暖、排污、排涝。为了尽快把各项服务弄起来，我们做了很多工作，主要是艰苦的工作我们冲锋在前，员工的困难我们帮助解决，所以就在很短的时间内把队伍稳住了，工作很顺畅。

1990年，我又到局里做副局长，也是负责抓全面的生活，教育、农场、住房等，然后又做了党委书记，主持渤海油田的工作。那个时候的渤海还是大渤海的概念，钻井、采油、船舶、运输都在一起。

回想起来，我在渤海工作了这么多年，一个台阶一个台阶走过来，真心感觉到了党的初心，为人民服务，是一种发自内心的情感。我能有这些进步，主要是大学一毕业就跑到工人堆里，跟工人摸爬滚打、完全打成一片。当时我们的口号是“工人身上有多少泥，干部身上就有多少泥”，甚至干部要跑在工人前面。工作忙起来连轴转，工人四十多个小时轮班不休，那领导也得轮班不休，反正跟工人在一块。所以我跟工人们的感情非常近，和大家打交道感觉有很多共同语言。也是因为我比较接地气，了解民情，所以基本上局里的一些问题，大家在关心什么、希望什么，我心里都有数。

我们这一辈子，说句实在话，不怕吃苦。吃苦是必要的经历，要想成就一点事情，没有吃过苦就没有一点发言权。谁干得好，群众的眼睛是雪亮的，就这么一点点干，才能一点点进步。

（作者系中国海油原总经济师，本文刊于《中国海洋石油报》2022年6月8日04版）

实践篇

拥抱蔚蓝

张飞虎　李萌苏

1982年，改革的春潮澎湃。

2月15日，北京长安街王府井十字路口，几个身穿海蓝色中山装的人，把第一个国家石油公司——“中国海洋石油总公司”（以下简称“中国海油”）的牌匾挂上东北角一座哥特式小楼。

2022年2月15日，更名为中国海洋石油集团有限公司的中国海油与12家国际公司签署13项合同和战略合作协议。出发40年后，它已跻身“世界500强企业”“世界最大50家石油公司”“中国最大的海上油气生产运营商”……过去3年，中国海油国内原油增产量在全国总增量中占比达70%左右。

草蛇灰线，伏脉千里。40载岁月无声流过，回眸北京早春那个普通的日子，那块普通的黑白牌匾，已成为中国石油工业史上一个鲜明夺目的里程碑，中国改革开放事业中一颗熠熠生辉的星。

破冰

更早的决定性时刻始于1978年3月26日，莺歌海刚刚引进的“南海1号”钻井船、渤海湾投产不久的6号平台，在同一个铺满晚霞的黄昏等待着一个足以改变中国海洋石油工业史的重要决策。

这天下午，北京人民大会堂东大厅，中共中央、国务院高层出席，中国石油工业领军人物齐聚，石油部汇报了赴美考察情况。5个多小时后，中共中央、国务院最高决策层做出一个石破天惊的决定：在指定海域，购买外国设备，雇用外国技术人员，用分期付款的方式和所采石油偿还其投资，开发我国海上石油资源。

为与外国石油公司对等合作，党中央、国务院批准成立中国海洋石油总公司。成立之初，中国海油总部只有几十个人，从石油部拉来的旧桌椅就是全部家当。但当年的初创者们并不在意，在他们看来，在海洋石油对外开放这条航线上，终于有了自己的“旗舰”。首任总经理秦文彩，没有出席简朴的挂牌仪式，这位开路先锋正马不停蹄地签发第一轮国际招标公告。

从1982年到1992年，中国海油先后向全世界发出四轮招标公告，共与外国公司签订39个石油合同、21个物探协议、19个联合协议，合同区面积达到98.13万平方千米，勘探投资超过32亿美元，中国南海、渤海、南黄海、东海全海域实现了对外开放。

总部位于深圳的南海东部石油公司成为中国海油大规模开展对外合作的先行者。

由中、美、意三国联合开发的惠州21-1油田成为“第一个吃螃蟹的人”，它的投产实现了中国南海东部海域原油生产“零”的突破。紧接着，与挪威合作的陆丰22-1油田、与美国合作的西江油田、与英国BP石油公司合作的流花11-1油田、与美国合作的番禺油田、与日本合作的陆丰13-1油田、与加拿大合作的白云天然气田相继登场。多年后，中国海油第二任总经理钟一鸣说：“经历对外合作的不断洗礼，中国海油的管理、技术、现代企业制度建设与整体实力得到持续提升，成就了中国海油的鹏程万里。”

创业

由于经济的快速发展，1993年，中国由石油净出口国变为净进口国。中国迫切需要生产更多石油，以降低原油对外依存度，保障国家能源安全。下一个大庆在哪里?

2010年，答案终于浮出水面——12月20日，中国海油宣布实现年产油气5000万吨，建成“海上大庆油田”。这是一个注定会载入中国石油工业史册的日子。

“海上大庆油田”的建设过程，是放下身段取经求学，引进海外技术人才，从“一无资金，二无技术，三无装备”，到自主创新自我强大的过程。中国海油人清楚，对外合作绝不是别人干、自己看，更不是简单地让外国人跑来帮我们找油，然后再分我们一杯羹。海洋石油必须是对外合作与自营勘探并举，坚持两条腿齐步走。

“两条腿走路”救活了被国外石油公司判“死刑”的油田。1987年，储量接近3亿吨的绥中36-1油田被发现，谁料这个“大金娃娃”却因油太稠，变成连外国石油公司都敬而远之的“愁娃娃”。为探索海上稠油开发之路，中国海油开辟了试验区，尝试了注水、防砂和机械采油等一系列开发方式，最终采用350米井距反九点注采系统，实施面积注水、以电潜泵为主力机械采油的开发方案，获得成功!

1995年至2000年，渤海陆续发现了秦皇岛32-6、南堡35-2、渤中25-1南、蓬莱19-3、曹妃甸11-1等近10个大中型油田，收获三级石油地质储量达17亿吨，超亿吨的“大块头”如雨后春笋，一举奠定了渤海在我国近海采油基地的龙头地位。

1996年9月9日，时任中国海油总经理王彦对新闻媒体宣布：中国海油原油年产量突破1000万吨！仅过一年，王彦又将“3个1000万吨”设为中期战略发展目标。

在目标即将实现的2004年初，时任中国海油总经理傅成玉提出新的目标——到2008年实现国内产量4000万吨油当量。争取到2010年国内实现5000万吨油当量。2010年，中国海油顺利实现5000万吨油当量，中国海油完成了从追赶者到同行者再到行业领跑者的成功蜕变。

海国

1994年，中国海油与外国合作伙伴在中国海域签下第一百个石油合同。也是这一年，中国海油果断迈出“走出去”的第一步——投资1600万美元，收购美国阿科公司在马六甲海峡区块32.5%权益，拥有了第一个海外油田。

2012年7月23日，中国海油发布了一个震惊全球能源界的消息：151亿美元收购加拿大尼克森公司。时任中国海油首席执行官的杨华与尼克森董事长杰克逊双手交握，当时中国公司最大的一笔海外收购只待最后审批。这次收购一举增加证实储量约30%、产量20%，并战略性进入加拿大西部、英国北海、墨西哥湾、尼日利亚、圭亚那等海上油气富集区，在国际原油市场上具风向标意义的布伦特原油价格也首次有了“中国元素”。

如今，中国海油与6大洲45个国家和地区开展能源合作，建立海外油气生产基地，海外资产超4000亿元人民币，占总资产近40%，海外油气勘探开发业务涉及20多个国家，探明可采储量达19亿桶，在大西洋两岸参与发现了数十亿吨级的“世界级”油田及油气构造……

40年前，中国海油请外国石油公司来帮助中国在海上找油；40年后，中国海油走出国门，为全球提供技术和工程服务。

重器

海洋石油开发是耗资巨大、工艺复杂的系统工程，它考量着一个国家的科技水平、工业综合实力。21世纪，海洋深水成为全球石油开发重要竞技场，中国海油打算弯道超车、一步登顶，“造最先进的、作业水深可达3000米的第六代深水钻井平台”。

深水重点实验室团队深入研究南海台风特别是内波流的原理和特征，并收集了全球28种半潜式钻井平台成熟船型，通过数值模拟分析和船模水池实验，优化出最适合南海风浪流的船型。

2007年10月，中国海油与外高桥造船厂签约建造“海洋石油981”第六代超深水半潜式钻井平台。2012年5月9日，在时任董事长王宜林的指令下，“海洋石油981”铆足了劲儿，把钻头钻入大海深处的地层，用自主建造的深水装备，独立在南海打下了第一口超深水井。2015年1月9日，“海洋石油981”号研发与应用项目获国家科技进步奖特等奖。

何为重器？2014年8月30日，“海洋石油981”在南海北部深水区陵水17-2-1井测试获得高产油气流，“深海一号”超深水大气田横空出世，探明天然气地质储量超千亿立方米，最大水深超过1500米，最大井深达4000米以上，是我国自主发现的水深最大、勘探开发难度最大的海上超深水气田。中国海油量身设计、建造了全球首座超十万吨级深水半潜式生产及储油平台——“深海一号”能源站，采用3项世界首创技术及13项国内首创技术，成为中国海洋工程装备集大成之作。2021年6月25日，在中国共产党成立100周年之际，“深海一号”超深水大气田成功投产！如今，它矗立中国南海，每年稳定供气30亿立方米，可满足粤港澳大湾区1/4的民生用气需求。

中国海油董事长汪东进表示，“深海一号”超深水大气田的投产，标志着中国海洋油气开发进入世界先进行列！中国海油用40年时间，走过了西方国家海洋石油工业百年历程。

“开放中国”，风从海上来。“不惑”海油，归来仍少年。

（本文刊于《人民日报海外版》2022年03月26日第07版）

勇立潮头四十载

——从中国海油跨越发展看中国道路实践

王璐

编者按

方向决定前途，道路决定命运。党的十九届六中全会概括了具有重大历史意义和现实指导意义的十条历史经验，其中一条就是“坚持中国道路”。100年来，我们党始终坚持把马克思主义基本原理同中国具体实际相结合、同中华优秀传统文化相结合，始终坚持从我国国情出发，始终坚持独立自主，走出了一条中国特色社会主义的正确道路。

作为我国首个“海上特区”和全方位对外开放的“工业特行”，中国海洋石油集团有限公司从小到大、从弱到强的40年发展轨迹，是我国改革开放史的生动缩影，更是中国道路取得成功的精彩例证。

一个行业，因历史选择而风云际会，成为中国从封闭半封闭走向开放的“首发站”。

一个工业，因改革开放而沧桑巨变，成为中国特色社会主义道路的重要“路标”。

一个企业，因时代大潮而拔节生长，成为世界观察“中国奇迹”的重要“窗口”。

4月21日，北京朝阳门海油大厦，中国海洋石油有限公司回归A股云敲钟仪式在这里举行，为中国海洋石油集团有限公司（以下简称中国海油）成立40周年送上一份“厚礼”。

草蛇灰线，伏脉千里。遥想1982年2月15日，北京长安街王府井十字路口东北角的一座哥特式小楼外，挂起了第一个国家石油公司——“中国海洋石油总公司”的牌匾，开放潮起中国海。

40年后的同一天，与12家国际公司签署13项合同和战略合作协议的中国海油，早已跻身“世界500强企业”“世界最大50家石油公司”“中国最大的海上油气生产运营商”。

从对外合作到自主创新，从圆梦“海上大庆油田”到扩大全球版图，从改革破解“大企业病”到重组改制上市……中国海油的诞生、成长、发展、壮大，映照出党领导下中国特色社会主义道路的正确与务实，速度与激情，突破与奇迹。

开放潮起中国海

一切故事都从1978年的那个春天开始。

3月26日，莺歌海上刚刚引进的“南海1号”钻井平台，渤海湾投产不久的6号平台，机器轰鸣，浪潮喧嚣。

当月上级决定，在指定的海域，购买国外设备，雇用国外技术人员，用分期付款的方式和所采石油偿还投资，来进行我国海上石油资源的开发。

这是中国经济建设中的一个重大决策，也是改革开放、融入世界的问路石。

为了与国外石油公司对等合作，国务院批准成立中国海洋石油总公司。简朴的挂牌仪式上，并没有出现首任总经理秦文彩的身影，这位见证新中国石油事业从无到有的开路先锋，正在二楼办公室马不停蹄地签发第一轮国际招标公告。

彼时，大庆油田已经上产5000万吨，而放眼整个中国海，最高年产原油只有15万吨，不及挪威一个石油公司一小时的海上开采量。一无资金、二无技术、三无装备，总部只有几十个人，带着这样的家底和开发蓝色国土的使命，中国海油对外合作奋楫起航。

总部位于广东深圳的南海东部石油公司成为先行者，与经济特区一同唱响“春天的故事”。

由中、美、意三国联合开发的惠州21-1油田是“第一个吃螃蟹的人”，它的投产实现了我国南海东部海域原油生产“零”的突破。紧接着，与挪威合作的陆丰22-1油田、与美国合作的西江油田、与美国（后为英国BP石油公司）合作的流花11-1油田、与美国合作的番禺油田、与日本合作的陆丰13-1油田、与加拿大合作的白云天然气田相继登场。

持续对外合作让南海东部油田的油气产量开始快速增长，1996年原油年产量首次超过1000万吨，占当年全国海洋原油产量的80%，成为当时继大庆油田、胜利油田、辽河油田之后的全国第四大产油区，并在此后连续25年稳产增产，于2021年突破2000万方油当量。

会谈，一次又一次；条件，一个又一个地商洽……截至目前，中国海油与来自21个国家和地区的81家国际石油公司共签订230个对外合作石油合同和协议，累计引进外资超2500亿元人民币，成功建成了埕北油田、涠洲10-3油田、惠州油田群等一大批合作油气田，贡献了我国接近50%的海洋油气产量，有力支撑了我国海洋石油工业高效高速发展。

在成功开展上游领域对外合作基础上，中国海油加快构建全方位对外合作总体格局，建成了我国最大的中外合资石化项目（中海壳牌）、我国首座LNG接收站（广东大鹏LNG），完成了多个海外油气投资并购项目。

同时，不断丰富拓展对外合作内涵，探索形成了从产品分成合同到技术服务合同，从中外合作到国内合作、混改合作等多种合作新模式。

“在经历了对外合作的不断洗礼后，中国海油的管理、技术、现代企业制度建设与整体实力均得到持续提升。海洋石油工业的对外开放，在一路艰辛中走来，而恰恰就是对外开放，奠定了今天‘海上大庆’的基础，成就了中国海油的鹏程万里。”中国海油第二任总经理钟一鸣多年后如是总结。

自主创新显风流

加速！加速！

这是渤海油田开发部2007年唯一专注的事。

24座老油田开足马力，16座新油田只争朝夕，700公里管线、200公里电缆紧张铺设，13条钻机日夜轰鸣，80艘船舶穿梭蓝海，八架直升机翱翔长空，三万多名员工风雨兼程……

从东海大陆架到珠江口盆地，辽阔的中国海上，类似的“百团大战”画面比比皆是，目标直指建成“海上大庆油田”。

豪迈誓言背后是一组令人吃惊的数字：自1993年由石油净出口国变为石油净进口国后，中国原油对外依存度不断攀升，2003年中国人每消耗一吨油就有超1/3依赖进口。

石油开发关乎重大，必须再次提速！下一个大庆在哪里？

目标引领实干，梦想照进现实。1996年9月9日，时任中国海油总经理王彦对媒体宣布：中国海油原油年产量突破1000万吨！仅过一年，王彦又将“3个1000万吨”设为中期战略发展目标。

在3000万吨目标即将实现的2004年初，时任中国海油总经理傅成玉提出新的目标——到2008年实现国内产量4000万吨油当量，争取到

2010年国内实现5000万吨油当量。2010年，海上大庆油田成功建成。

9万吨、1000万吨、2000万吨、5000万吨……这一上扬的数字曲线，折射出中国海洋石油工业从“引进来”“学着干”到“并肩走”“领着跑”的巨大转变，也昭示了一家能源央企坚持自主创新、实现产业报国的不懈努力。

对外合作不是万能的，想要实现赶超，没有属于自己的核心技术绝难做到，没有与世界接轨的自营发展能力更行不通。海洋石油必须是对外合作与自营勘探并举，坚持两条腿齐步走。

1987年，储量接近3亿吨的绥中36-1油田被发现，可这个众望所归的“金娃娃”却因为油太稠，很快变成连国外石油公司都敬而远之的“愁娃娃”。

为有效探索海上稠油开发道路，中国海油开辟了一个试验区，尝试注水、防砂和机械采油等一系列开发方式，最终决定采用350米井距反九点注采系统，实行面积注水，以电潜泵为主力机械采油开发方案，并获成功。

从渤海到东海、南海，从勘探开发到油气生产，中国海油自主创新尽显风流，不仅陆续形成了十大配套技术，攻克了稠油、深水、高温、高压、低渗等一个个难题，还拉动了我国造船、电子、海洋工程制造、钢铁等多个行业的快速发展。

获得国家科技进步奖特等奖的“海洋石油981”号研发与应用项目无疑是典型代表。2012年5月9日，在时任董事长王宜林的指挥下，作业水深可达3000米的“海洋石油981”第六代超深水半潜式钻井平台铆足了劲儿把钻头钻入地层之中。中国海油用自主建造的装备，独立打下了第一口超深水井。

两年后的8月30日，“海洋石油981”在南海北部深水区陵水17-

2-1井测试获得高产油气流，“深海一号”超深水大气田横空出世，探明天然气地质储量超千亿立方米，最大水深超过1500米，最大井深达4000米以上，是我国自主发现的水深最大、勘探开发难度最大的海上超深水气田。

为了自主开发这个大气田，中国海油量身设计、建造了全球首座超十万吨级深水半潜式生产及储油平台——“深海一号”能源站，采用三项世界首创技术以及13项国内首创技术，成为中国海洋工程装备领域的集大成之作。2021年6月25日，在中国共产党成立100周年之际，“深海一号”超深水大气田成功投产。

如今，“深海一号”巍然矗立祖国南海，每年向粤港琼等地稳定供气30亿立方米，可满足粤港澳大湾区1/4的民生用气需求。

中国海油党组书记、董事长汪东进表示，“深海一号”超深水大气田的投产，标志着我国海洋油气开发由此进入世界先进行列。中国海油用40年时间，走过了西方国家海洋石油工业的百年历程。

鹏程万里创一流

1994年，中国海油与国外合作伙伴在中国海域签下第100个石油合同。也是在这一年，中国海油旗帜鲜明地迈出了“走出去”的第一步——投资1600万美元，收购了美国阿科公司在马六甲海峡区块32.5%权益，拥有了第一个海外油田。

在1992年的杭州会议上，中国海油将“海外发展战略”定为公司五大战略之一。“海外并购的意义在于，一是增加了储量和产量，使公司持续保持高质量的增长比例；二是提高了公司的国际竞争力。海外并购既能按照国际油公司模式分散风险，也能通过与国际一流石油公司合作增强我们的国际资产运作能力……”原中国海油总经理卫留成说。

这是一条始终在国家战略灯塔指引下的改革开放实践之路，也是一条曲折蜿蜒却越走越宽、越走越远的国际化道路。

东南亚雏鹰试啼，积累了“出海”经验后，海油人又在非洲挺进深水；继续向前，迈入全球油气资源最核心的战略区——中东，在伊拉克完成从海洋走向陆地的华丽转身；牵手阿根廷，实现上下游一体化发展；进军巴西，超深水领域再添新翼……

2013年，当地时间2月26日下午3时，中国海油收购尼克森公司的交割仪式在加拿大卡尔加里举行，这场当时中国有史以来最大的跨国收购案最终尘埃落定。

这次151亿美元的收购一举增加证实储量约30%、产量20%，并战略性进入墨西哥湾、尼日利亚、圭亚那等海上油气富集区，在国际原油市场上具有风向标意义的布伦特原油价格中也首次有了“中国元素”。

将如此庞大的海外资产收入囊中，后续的整合与过渡才是真正的考验。五年后的一系列数据给出了答案：尼克森英国公司全额成本降低至区域内的领先水平，加拿大长湖油砂项目逐步实现了项目现金流转正；圭亚那Liza油田第一期开发项目全速推进……

如今，中国海油已在六大洲45个国家和地区开展能源合作，建立海外油气生产基地，海外资产超4000亿元，占公司总资产超30%；海外油气勘探开发业务涉及20多个国家和地区，勘探作业面积近六万平方公里，掌控石油探明可采储量达19亿桶；在大西洋两岸参与发现了数十亿吨级的“世界级”油田及油气构造；专业服务板块走出国门，在全球提供技术和工程服务。

40年前，中国海油选择对外合作，请国外石油公司帮助中国在海上找油；40年后，中国海油早已从容走出国门，构建了全球性、多元化的优质资产结构，将一个个国际合作、互利共赢的典范样本树立在“一带一路”

上，向着中国特色国际一流能源公司的目标全速前进。

国企改革辟新路

不管是“引进来”还是“走出去”，必须深化改革创新，走出中国道路，对此海油人深有感触。

1991年，中国海油雇员制改革试点率先在南海东部石油公司启动，第一次接受考验的是应聘而来的20名大中专毕业生。

雇员制究竟是什么？与临时工、打工仔又有什么区别？原南海东部公司副总经理罗汉一个月内九次往返塘沽、湛江之间，亲自答疑解惑，解决应聘人员的焦虑。

最终，这20个人都签了约，成为该试点的第一批雇员，也意味着中国海油的用工制度改革又深入了一个层面。

从20世纪80年代率先引进招投标机制、甲乙方制度、项目管理和合同管理等现代管理模式，到之后率先打破大锅饭、率先杜绝石油系统“近亲繁殖”，率先实施分配制度改革、住房制度改革，再到如今以三年行动为抓手全面深化改革，启动企业2003年以来力度最大的三项制度改革……

40年来，一代代海油人凭着一股“路由自己找”“敢为天下先”的拼劲和闯劲，将改革进行到底，逐步探索走出一条既与市场化国际化接轨，又适合中国国情和中国海油实际的科学发展道路。

以专业化为原则推进重组上市便是例证之一，既为国有资产保值增值作出了贡献，也为深化国资国企改革开辟了“海油新路”。

1992年起，中国海油便开始实施油公司、专业公司和基地公司“三分离”，首先集中油气勘探开发的投资决策权和油气销售权，实现了资金的统一使用，然后将各专业公司从地区中分离出来，使其自主经营。

重组改制的谋划最终都指向了上市，这也正是国企改革的任务之一。通过上市融资解决资金瓶颈，通过上市倒逼公司治理、合规运营，成为这家刚刚起航的是石油央企谱画未来发展之路的重要一环。

21世纪以来，中国海洋石油有限公司、海油工程、中海油服、中海化学先后完成重组上市，特别是2019年存续企业海油发展成功在A股上市，时任中国海油董事长杨华表示，这代表了中国海油“三步走”改革战略已成功落地。中国海油基本完成“海油系”市场化改革部署，逐步构建起以“油公司”为核心、专业公司协同发展的现代石油公司体制。

4月21日，中国海洋石油有限公司正式回归A股，迎来历史新机遇。招股书显示，此次公司拟公开发行新股不超过26亿股并在上交所主板上市，募集资金总额不超过350亿元，首发募资规模在A股历史上排名第11位。从营收、利润、资产和市值等多个指标衡量，其长期成长价值获得了多个权威机构的认可。

值得注意的是，不管改革发展如何风起云涌，每个关键历史节点都离不开党的坚强领导。

40年来，中国海油先后开展了“五五一工程”“三争三创”“党建融合深化工程”等系列特色党建活动，努力把国有企业政治优势转化为发展优势。特别是党的十八大以来，中国海油深入学习贯彻全国国有企业党的建设工作会议精神，大力推进党建与生产经营改革发展融合深化工程，探索构建“一头两翼”监督工作格局，扎实开展“支部达标”活动，开创了公司党建工作新局面。

时节如流，击鼓催征。

不惑之年，中国海油迎来崭新征程——全力以赴推进增储上产攻坚工程、科技创新强基工程、绿色发展跨越工程和提质增效升级行动，奋力建设中国特色国际一流能源公司。

宏伟蓝图正在一个个具体目标、一项项实际举措中从纸面走向地面：

推动2025年渤海油田上产4000万吨和南海东部上产2000万吨工程取得新突破；

未来，渤海油田70%-80%的新油田都将利用岸电进行开发；

成立中海石油（中国）有限公司北京新能源分公司，开展海陆风光发电、加大CCUS科技攻关、探索培育氢能等；

……

乘能源转型东风，搏不可限量未来！激荡的中国海，必将在下一个10年、20年、30年，书写出新的壮丽篇章。

（本文刊于《经济参考报》2022年04月22日第A07版）

四十载不平凡
立潮头再出发

——写在中国海洋石油集团有限公司成立40周年之际

吴莉

有人说，他是一个象征。因改革开放而生，因改革开放而兴，是对中国改革开放最好的诠释，是世界观察“中国奇迹”的窗口。

有人说，他是一个传奇。40年，走完了发达国家石油公司上百年的发展道路，推动我国海洋石油工业实现了从小到大、由弱到强的跨越式发展，在世界挺起了我国石油工业的蓝色脊梁。

他就是——成立于1982年2月15日的中国海洋石油集团有限公司（以下简称“中国海油”）。2022年，这位全球石油工业史上成长最快的“80后”迎来了40岁高光时刻，他是如何创造这些传奇的？

中国海油立起了什么
“敢为天下先”叩开对外合作的大门

一个国家为一个公司立法，是一个破天荒事件。

1982年1月30日，《中华人民共和国对外合作开采海洋石油资源条例》及配套的30多个通用法律法规正式发布执行。随后的2月15日，国务院批准中国海洋石油总公司（中国海油前身）在北京成立，令世界瞩目。

为何？

始于20世纪50年代的中国海洋石油工业，“一无资金、二无技术、三无装备”，落后世界海洋工业百年，控制海洋的能力也大打折扣。1978年3月，党和国家以海洋石油开放为先导，通过对外合作这种在新中国史上破天荒的方式，加速推进对“海上中国”的改造与重塑，这就需要一个能够执行中国海洋石油合作的平台、与外国石油公司平起平坐的公司，中国海油应运而生。

自此，中国海油以物探普查为先手棋，先后与数十个国家开展合作，开启海洋石油对外合作先河。但如果仅仅停留在物探普查，中国依然难以独立开发海上大油气田。1983年2月，时任国务委员康世恩提出，“海洋石油必须是对外合作与自营勘探并举，坚持‘两条腿’走路。一方面，继续对外合作；另一方面，外国石油公司不开发而中方认为有经济价值的，自己开发生产，提升综合实力。”

敢闯敢试的决心，学习、双赢、自立的三级跳式的跨越发展，让对外合作与自营勘探开发如同一条高速铁路的双轨，引领中国海油迎来一个个新的勘探开发和生产高峰，海洋油气资源得到高效开发利用。中国海上最大自营油田——渤海绥中36-1油田等一批自营油气田的勘探发现投产，就是中国海油核心竞争力全面提升的最好展示。

40年来，作为我国海上对外合作的特区，中国海油先后与81家国际石油公司签订200多个对外合作石油合同，引进外资超2500亿元，海洋石油长期位居我国吸引外资最多的行列，与合作伙伴携手建成我国最大中外合资石化项目中海壳牌、我国首座LNG（液化天然气）接收站，完成多个海外油气投资项目。而且，实现了从上游到下游、从浅海到深海、从国内到国外的三大跨越，成为油气主业突出、产业链完整、规模实力较强的国际化综合能源公司，连续17年在中央企业负责人业绩考核中获评“A”级，在普氏“全球能源企业250强”排名第9位，走出了一条具有中国海油特色的科学发展道路，在世界石油工业挺起了中国脊梁。

中国海油改变了什么
从“引进来”“跟着学”到“并肩走”“领着跑”

海洋油气开发与人类登月被称为20世纪的两大科技奇迹，前者的神奇之处在于，除了在水下钻井，还要在惊涛骇浪之中，将距离海平面几百米甚至数千米深处的油气安全开采和储存。高投资、高风险、高科技的“三高”特点，让海洋油气开发充满了“魔性”。

“那时候，海上石油工人不缺雄心，做梦都想着要像大庆那样，在海上拿下大油田，可是由于缺乏技术实力和经济实力，海洋石油的创业过程非常艰难。”回想我国海洋石油起步期，原石油工业部部长王涛无数次感慨。

虽然对外合作这个高起点，让中国海油一下站在了巨人的肩膀上，可以直接引进一些技术，但关键核心技术是买不来、要不来、讨不来的，有些甚至会受制于人。为此，中国海油以全面掌握关键核心技术为目标，不停地大胆闯、大胆试，探索出一条引进、消化、吸收、再创新的科技创新道路，担负起科技创新“排头兵”重任，相继攻克了旋转导向与随钻测井、优快钻井、海上浮托安装等一批批关键核心技术，锻造出自己的“硬核”实力。

4月20日，中海油服油田技术事业部总经理尚捷很兴奋。这一天，我国首条旋转导向钻井与随钻测井“璇玑”系统智能化生产线在广东佛山正式建成投产，标志着我国自主研发的“璇玑”系统装备正式迈入大规模产业化新阶段，制造能力跻身国际一流，有效保障了国产高端技术的自主可控。

旋转导向钻井技术与随钻测井装备被誉为石油钻井“皇冠上的明珠”，

“璇玑”系统装备研发成功是我国石油钻井、测井领域一项革命性、颠覆性的技术突破。该系统可以精准控制几千米地下的钻头“瞄着”油层去，“闻着”油味钻，甚至可以“遥控驾驶”钻具在仅有0.7米的薄油层中横向或斜向稳定穿行1000米以上，同时实现对地层资料的实时分析，是大幅降低油气田开发成本、高效开发海洋油气资源的重要法宝，代表着当今世界钻井、测井技术发展的最高水平。

作为“璇玑”系统技术的带头人，尚捷讲述了这段往事：“旋转导向钻井与随钻测井技术自上世纪90年代诞生以来，因其横跨20多个学科、涉及1000多道高端工艺，多达几百万行控制代码，被美国3家国际油田服务公司垄断达20余年。我们面对着每年10亿元人民币的高昂服务费用、完全加密的技术封锁和从不出售的产品垄断。”

中海油服历经7年攻关，于2014年成功研发“璇玑”钻井、测井系统并实现海上作业，使我国成为世界第二个拥有该系统装备的国家。截至目前，“璇玑”已陆续在渤海、南海、东海和陆地主要油气田应用，并成功推广至伊拉克、印度尼西亚等“一带一路”沿线国家。

40年前，中国海油还在靠落后的技术与装备“土法上马”，而40年后，“海洋石油981”“深海一号”等一大批“大国重器”频频亮剑；“入海神技”与嫦娥、神舟的“飞天绝活”一同引发世人关注，诸多中国技术、中国标准也走向了世界。

“排头兵”不仅是中国的，还是世界的，是敢于在强手如林的竞争中，从跟跑、并跑到领跑，抢占发展最前沿和制高点。据中国海油董事长汪东进透露，中国海油已掌握突破一大批具有自主知识产权的关键核心技术，形成近海油气勘探开发全套技术能力，带动我国海洋工程高端制造业实现快速发展，特别是“深海一号”超深水大气田的成功投产，实现3项世界级创新、攻克13项关键设备国产化难题，关键设备国产化率达到80%，打破了深海勘探开发技术只掌握在少数几个西方国家手中的垄断格局，标志着我国海洋石油工业实现了从300米水深到1500米超深水的历史性跨越。

中国海油贡献了什么
端牢能源饭碗的主力军、改革开放的“试验田”

从年产9万吨到年产亿吨，这样的几何级跨越是如何实现的？

自诞生之日起，中国海油就肩负着开发蓝色国土、保障国家能源安全的重要职责，在端好能源饭碗上展现担当作为。

40年来，中国海油全力加大海洋油气资源勘探开发力度，推动我国油气供应格局实现了从“以陆地为主”向“陆海统筹、海陆并重”转变，油气资源基础稳步扩大。先后在我国近海探明10余个亿吨级大油田和千亿方大气田，获得200多个油气发现，探明油气地质储量超70亿吨油当量。中国海油油气年产量从成立之初的9万吨迅速增长，2010年国内海域建成5000万吨“海上大庆”，2015年公司油气总产量首次突破亿吨级并持续保持稳产，累计供应油气近15亿吨油当量。值得注意的是，过去3年内，其国内原油增产量在全国总增量中占比超过70%。而且，公司已建成渤海、南海西部、南海东部三大原油生产基地，其中渤海油田建成我国第一大原油生产基地，三大油田均跻身中国十大油田之列。

在加大国内油气资源勘探开发的同时，中国海油还积极布局海外，在多个世界级油气项目持有权益，资产遍及世界20多个国家和地区，成功打造一体化、多元化、全球化的现代能源产业链，成为全球第二大LNG贸易商和国内第一大煤层气企业。

从常规油气向非常规油气、从传统能源向新能源、从海上向陆地、从传统模式向现代化、数字化、智能化的四大跨越进程中，中国海油努力发挥我国海上油气增储上产的主力军和压舱石作用，有力保障了国家油气安全稳定供应，为经济社会发展做出了重要贡献。

中国海油贡献的不仅仅是能源，他也是我国改革开放的“试验田”。

自带改革开放基因的中国海油，改革的脚步从未停歇。从20世纪90年代起，中国海油便按照“油公司集中统一，专业公司相对独立，基地系统逐步分离”的“三条线”改革思路推进专业化重组，先后完成5家子企业重组上市，逐步构建起以油公司为核心、专业公司协同发展的现代石油公司体制。

能挑最重的担子，也能啃最硬的骨头。中国海油以市场化为导向激活发展要素，20世纪80年代率先引进招标机制、合同管理等现代化管理模式，进入新世纪又实施多轮流程再造和机构重组，深化薪酬与用工制度改革，推进全员定岗定编、竞聘上岗，企业发展活力持续得到有效激发。同时，以三年行动为主要抓手全面深化改革，深入实施国企三年行动，动真碰硬推进集团管控模式改革、三项制度改革、科技体制改革，一体推进对标世界一流管理提升行动，集团成功入选国有企业治理示范企业。

中国海油再干什么
下好能源保障大棋、力做“双碳”目标的“领头羊”

每次在中国海油采访，听到的不只是敢闯敢试、先行先试，更是排头兵、先行者的担当。

未来，中国海油再干什么？

4月10日，中共中央总书记、国家主席、中央军委主席习近平来到中国海洋大学三亚海洋研究院，了解海洋观测设备与信息服务系统研发应用情况，连线“深海一号”作业平台。前方工作人员向总书记汇报了一线工作情况。习近平向他们表示诚挚问候，嘱咐他们注意安全、保重身体。习近平强调，建设海洋强国是实现中华民族伟大复兴的重大战略任务。要推动海洋科技实现高水平自立自强，加强原创性、引领性科技攻关，把装备制造牢牢抓在自己手里，努力用我们自己的装备开发油气资源，提高能源自给率，保障国家能源安全。

站在新的历史起点，中国海油又一次做起了“排头兵”，继续向全世界展示中国道路与中国力量，刷新中国改革开放的新高度。“坚定不移落实习近平总书记关于加大国内油气勘探开发力度的重要批示精神，坚定不移实施国内油气增储上产‘七年行动计划’。坚持党的领导，把坚持中国道路作为兴企强企的关键所在，持续完善中国特色现代企业制度。坚持开拓创新，为做强做优做大国有资本和国有企业、推进党和国家事业发展作出新的更大贡献。”中国海油党组给出这样的回答。

《中国海洋能源发展报告2021》指出，未来油气增长极在海上，而中国海域是勘探活动最为活跃的地区之一。作为我国海洋油气勘探开发的主力军，中国海油又在下一盘事关自身发展和国家能源保障的大棋——油气增储上产工程，着力推动油气保供能力“再增强”。按照规划，到2030年，公司国内原油产量预计达到6000万吨，达到峰值并且要持续稳产，较国家的原油消费达峰提前5年左右。到2035年，公司国内天然气产量将达到400亿立方米，达到峰值并实现稳产。

4月13日，中国海油正式成立中海石油（中国）有限公司北京新能源分公司，汪东进亲自揭牌。公司主要业务为开展海陆风光发电、加大CCUS科技攻关、探索培育发展氢能等。这只是中国海油绿色发展跨越工程内容之一。

面对全球能源行业低碳化发展趋势和我国“双碳”目标的推进，中国海油顺势而为，加快低碳转型步伐。按照公司绿色发展跨越工程规划，到2025年，公司计划获取500万千瓦-1000万千瓦的海上风电资源，以及

500万千瓦的陆上风电及光伏资源，投产50万千瓦-100万千瓦。预计到2025年，公司对新能源业务的投入将达全年资本开支的5%-10%。

伴随海洋油气开发进入超深水时代，科技依然是中国海油的重要制胜法宝。“十四五”期间，中国海油将实施科技创新强基工程，加大对重大、尖端、前沿装备技术的投入，进一步完善重大技术装备制造体系，部署实施16项科技重大攻关项目，重点攻关1500米水深水下生产系统等一批关键核心技术与装备，着力打造海洋油气勘探开发原创技术“策源地”，争当海洋油气装备现代产业链链长，推动海洋装备科技实现高水平自立自强。

40年前，对外开放将中国海油带进了一个新时代。40年后，中国海油又将进入怎样的新时代？

四十正青春，更向潮头立！中国海油已然出发！

（本文刊于《中国能源报》2022年04月25日01版）

碧海丹心再扬帆

——中国海洋石油40年发展成就纵览

王若曦

业务范围从沿海一隅到沿海集群，作业水深从100米到超3000米，海洋装备从仅1艘钻井船到61座钻井平台，国内海上原油年产量从9.5万吨到4864万吨，从首次海气销售0.4亿立方米到天然气年销售686亿立方米……自1982年成立以来，中国海洋石油集团有限公司历经了极不平凡的40年。

40年来，中国海油坚守在能源报国第一线，以“自主创新”“互利共赢”双轮驱动，顺应改革开放的时代大潮昂扬起航，为能源供应增添强有力的安全屏障，在油气工业史中谱写下瑰丽篇章。

从年产9万吨到跨入海洋油气生产大国行列

4月10日，习近平总书记在海南考察途中来到中国海洋大学三亚海洋研究院，连线“深海一号”作业平台。习近平总书记强调，建设海洋强国是实现中华民族伟大复兴的重大战略任务。要推动海洋科技实现高水平自立自强，加强原创性、引领性科技攻关，把装备制造牢牢抓在自己手里，努力用我们自己的装备开发油气资源，提高能源自给率，保障国家能源安全。

拥有世界首座10万吨级深水半潜式生产储油平台的“深海一号”大气田，是中国海油实现跨越式发展的生动注脚。中国海油党组书记、董事长汪东进表示，“深海一号”大气田的投产，标志着我国海洋油气开发由此进入世界先进行列，开启了我国正式挺进深海油气开采的新征程。

碧海丹心，能源强国。中国海油用近40年的时间，走过了西方国家海洋石油工业百年历程。

开发蓝色国土，保障国家能源安全始终是海油人肩负的重要使命。中国海油成立之初，海洋油气勘探开发范围尚在沿海一隅，开发方式始于对外合作与自营勘探开发“两条腿走路”。这一路径不仅帮助中国海油收获早期产量，也引领了我国海洋石油开发史上一个又一个突破。

1987年，储量接近3亿吨的绥中36-1油田，成就了我国海洋石油开发史上的第一次勘探大发现。然而，产油太稠又成了一项新课题。为有效探索海上稠油开发道路，尽量规避开发风险，中国海油开辟了一个试验区，尝试了一系列开发方式，最终决定采用350米井距反九点注采系统，实行面积注水，以电潜泵为主力机械采油开发方案，并获成功。稠油不愁，在开发绥中36-1油田过程中，中国海油自主攻克海上稠油开发技术，具备了自主开发海上大型整装油田和稠油油田的能力，成为中国海洋石油工业发展史上的一个里程碑。

1993年，我国由石油净出口国变为石油净进口国，现实情况要求自产更多油气，以保障国家能源安全。中国海油全力提升海洋油气资源勘探开发力度，到1996年油气年产量已增至1000万吨，而该公司成立之初油气年产量仅为9.5万吨。此后，中国海油与美国菲利普斯石油公司合作勘探发现的蓬莱19-3油田成为那一时段我国石油最大发现，也是继陆上大庆油田之后，我国所发现的第二大整装油田，经济价值巨大。

此后的十余年时间里，海油人迎着滚滚波涛不断进取、不断赶超，努力书写辉煌。当时间来到2010年12月19日，中国海油在我国海域年产油气首次突破5000万吨油当量，宣告我国蓝色国土上的“大庆油田”就此诞生。中国海油继续乘风破浪、锐意进取，2015年以来，油气年产量突破亿吨级并持续保持稳产。

得益于中国海油多年的发展和努力，我国已跨入海洋油气生产大国行列。当前，海上油气生产已经成为我国重要的能源增长极，我国油气供应格局逐步实现从“以陆地为主”向“陆海统筹、海陆并重”转变。

从对外开放引入合作到走出国门建立海外生产基地

2022年2月15日，中国海油与12家国际公司签署了13项合同和战略合作协议，这是中国海油近年来对外合作中范围最广、成果最多、分量最重的一次集中签约。

而时光倒流回40年前，1982年2月15日，中国海油在成立当天签发了第一轮国际合作招标，吸引了包括壳牌、雪佛龙、英国石油等在内的33家石油公司对25个区块的投标。

海洋油气长期位居我国吸引外资最多的行业之列，吸纳先进技术与实现国际合作是促进中国海油加速发展的重要一环。

作为我国首个“海上特区”和全方位对外开放的“工业特行”，中国海油的奋斗成长史也是我国改革开放史的生动缩影。40年前，中国海油选择敞开大门对外开放，引进外国石油公司先进技术装备在海上找油。40年后，中国海油已从容走向国际市场，以互利共赢之姿递出东方名片。

在国内，中国海油同外国公司一起成功建成了埕北油田、涠洲10-3油田、惠州油田群等一大批合作油气田。截至目前，合作油田贡献了我国海洋油气产量的近50%，有力支撑了我国海洋石油工业高效、高速发展。

在海外，中国海油已在6大洲45个国家和地区开展能源合作，建立海外油气生产基地，海外资产占总资产超30%。从1994年拥有了第一个海外油田到如今，海外油气勘探开发业务涉及20多个国家，勘探作业面积近6万平方千米，掌控石油探明可采储量达19亿桶。

中国海油广泛参与全球经济互动，深度融入世界石油行业，有效实现互利共赢。

从引进先进技术装备到自主创新打造大国重器

在对外开放引进先进技术装备的同时，自主研发核心技术同样重要。海洋油气开采相比陆地油气开采的技术难度和投资规模更大，水深的增加也进一步加大了开采难度和投资规模。

落实党中央国务院加快建设科技强国，实现高水平科技自立自强的指示要求，海洋石油工业加速发展，这离不开具有自主知识产权的技术装备。

中国海油在科技创新方面不断深耕，聚焦海洋油气开发前沿领域和关键瓶颈，加强技术攻关，逐步探索出一条从引进、消化、吸收、集成创新到自主创新的发展道路，推动企业获得国际一流竞争力，为我国海洋石油工业实现自立自强作出贡献。

深水区域是油气资源的重要接替区，四成左右的海洋油气资源蕴藏在深水区域。深水油气资源发展潜力巨大，中国海油勘探开发的重心逐步走向深海。当前，中国海油形成以“海洋石油981”“海洋石油720”“海洋石油201”为代表的庞大“深水舰队”。

我国海工旗舰“海洋石油981”半潜式钻井平台于2014年钻探发现“深海一号”大气田，是我国海域自营深水勘探的第一个重大油气发现。而到了2021年，“深海一号”大气田正式投产，成为我国深水油气开发和海洋工程装备技术的重大突破，标志着我国海洋石油勘探开发能力实现从

300米深水向1500米超深水的历史性跨越。

掌握勘探开发的主动权，是中国海油的迫切需求和必然选择。关键核心技术攻克的背后，是几代海油人在“蓝海”的不懈探索。多年高速发展过程印证，中国海油始终把科技作为先导，不断提升自主创新水平，有力推动我国海洋油气资源开发能力跃升。

（本文刊于《中国电力报》2022年04月22日第01版）

海油开放聚变40年

——一家中央企业的高质量发展之路

王倩倩

编者按

2022年2月15日，中国海洋石油集团有限公司成立四十周年。作为我国首个“海上特区”和首个全方位对外开放的“工业特行”，中国海油一成立就被推进了市场，始于开放合作，盛于开放合作，连续17年经营业绩考核“A”级，走出了一条具有海油特色的国有企业高质量发展之路。

《国资报告》记者深入中国海油调研访谈，梳理历史与现实，从中发现：中国海油稳健发展的鲜明特质来自体制机制改革和能源报国使命的双重塑造。

稳字当头、稳中求进做好2022年全年经济工作，正全方位考验国资央企高质量发展成色和成效。《国资报告》重磅推出央企基业长青系列报道之《海油开放聚变40年——一家中央企业的高质量发展之路》，探寻中国海油40年的成长脉络以及业绩17连“A”的秘籍，希望能为更多央企提供借鉴和参考，从经营改革发展的个性探索中，把握实现稳健发展的共通规律。

每一轮国际油价震荡下跌之后，就会有油气企业应声倒下。应对难以预测的波动性，是油气行业无法回避的挑战。

面对挑战，中国海洋石油集团有限公司（下称中国海油）展现出不俗实力：2008年金融海啸席卷下生产经营逆势飘红，成为唯一正增长油气央企；2020年平稳度过国际原油价格暴跌期，国有资本保值增值率104.6%。凭借长期稳健的业绩表现，中国海油已连续17年在国资委业绩考核中获评“A”级。

党的十八大以来，中国海油以习近平新时代中国特色社会主义思想为指引，深入贯彻落实习近平总书记建设海洋强国、加大国内油气资源勘探开发力度等重要指示批示精神，理直气壮地做强做优做大国有企业。刚刚过去的2021年，在我国开启全面建设社会主义现代化国家新征程、向第二个百年奋斗目标进军的重要历史交汇点上，迎来党的百年华诞、“十四五”起步开局之际，中国海油全年国内原油生产同比增长322万吨，天然气同比增长27亿立方米，全年实现营业收入8186亿元、利润总额1201亿元、净利润875亿元，经营业绩创历史新高，归母净利润位居央企第四，国民经济压舱石稳定器作用更加彰显。

业绩稳健是企业竞争力的外部投射，与经营改革管理互为表里。揭开业绩的面纱追根溯源，《国资报告》记者深入企业调研访谈，梳理历史与现实，从中发现：中国海油稳健发展的鲜明特质来自体制机制改革和能源报国使命的双重塑造。一开始就与国际接轨的中国海油开放、求变、革新，生而为服务国家油气增储上产的中国海油独立、守责、进取，一体两面的交织融合中，一条具有海油特色的国有企业高质量发展之路呈现眼前。

稳字当头、稳中求进做好2022年全年经济工作，正全方位考验国资央企高质量发展成色和成效。探寻中国海油40年的成长脉络以及业绩17连“A”秘籍，有助于更多央企从经营改革发展的个性探索中，把握实现稳健发展的共通规律。

开篇　摸石头过河

成立40周年之际，中国海油以一种特有的方式为自己庆生。

2022年2月15日，中国海油总部大厦，一场隆重盛大的对外合作签约仪式如期举行。当天，中国海油与12家国际公司签署合同和战略合作协议共13项，涉及勘探开发、油气贸易、炼油化工、技术服务等全产业链多个领域，总金额达130多亿美元。

“今天举行这场近年来公司对外合作中范围最广、成果最多、分量最重的集中签约，充分彰显了我们全方位对外合作的信心决心，是我们贯彻落实习近平总书记‘四个革命、一个合作’能源安全新战略的重要体现。”中国海油党组书记、董事长汪东进在致辞中表示。本次集中签约，国资委、商务部等国家部委领导悉数到场，见证这一高光时刻。

时光倒回40年前。带着合作基因萌芽出土的中国海油，在成立当日即开展了首轮油气资源开发国际招标，壳牌、雪佛龙、英国石油等33家石油公司投标25个区块。时任中国海油第一任总经理秦文彩现场签署合同，外界就有人公开讲他“对外合作就是出卖国家资源”……合作之路还未真正起步已是阻力重重。

探路者从来不易。作为我国首个“海上特区”和首个全方位对外开放的“工业特行”，中国海油走的是一条前人未走之路——

秉持开放合作的独特基因，中国海油一成立就被推进了市场，从首个对外合作油田——埕北油田出发，坚持“以我为主、合作与自营并举”，在同国际先进石油公司接轨中，“洋”为中用，聚焦主业，强固管理根基抵抗全球油气市场的周期性波动。

放大合作开放的先天优势，中国海油首个海外并购项目“落子”印尼，大胆走出去征战国际油气市场，在两个市场、两种资源中寻找差异化优势，引进消化吸收西方先进技术向赶超跨越，以高水平自立自强服务构建新发展格局。

守持合作开放的革新特质，中国海油打破计划经济大而全的体制制约，以灵活高效的公司治理机制，经济有效的用人引才制度，奏响了竞争国际化与道路中国化的辩证和弦。

始于开放合作，盛于开放合作。透过40年的改革发展，我们可以清晰看到，战略、管控、成本、技术等一系列塑造中国海油核心竞争力的关键因子，均是在开放合作中被激活和放大。以开放合作为基石，中国海油汲取一切外部优势资源为我所用，聚集资本、技术等要素投入海上油气勘探开发主业，形成核心优势，释放变革能量，在产业转型、时代演进中实现跨越式发展。

经营业绩考核17连“A”不是神话。这只是中国海油秉持开放合作基因，在世情、国情、行情复杂交织的内外部环境中渐进的结果。

上篇　心无旁骛

自1957年我国莺歌海域第一次发现油气苗，挺向广袤的“蓝色国土”勘探开发油气资源成为几代石油人的追求。

然而，现实是残酷的：与陆地石油勘探开发相比，海上石油勘探开发虽然只隔了一层水，但是成本要高出8—10倍。照搬陆上石油开发体制，直到20世纪70年代中国海上探明地质储量仅4000万吨，年产原油不足9万吨。

在一穷二白基础上开放海上油气资源，中国海油有了向国际大石油公司学习借鉴的机遇。潜心学习是为了早日独立。开放合作中，中国海油高起点接轨西方跨国石油公司经营管理体系，坚守战略定力升维进化，打造内控体系，警惕多元扩张……牢牢守住了企业稳健发展的生命线。

战略升维

2020年初原油需求急剧下挫，国际油价断崖式下跌。在低油价冲击下，全球不少石油公司选择减少投入和生产。作为我国最大的海上油气生产商，中国海油选择加大勘探开发力度，逆势而进、增储上产。

迎难而上的信心底气何来?“40年来，我们积极融入市场化大潮，坚持以市场为导向强化核心能力建设，与时俱进推动公司战略优化，有效应对市场竞争挑战，支撑保障了公司可持续发展。”汪东进表示。

战略决定企业兴衰。在变动不居、风云激荡的全球油气市场磨砺打拼，以油气主业为立身之本，中国海油锚定战略目标坚定不移。

围绕主业谋划战略——

中国海油成立之初就明确了“坚持‘合作与自营’两条腿走路”的总体战略思路;20世纪90年代初期，战略聚焦，对目标路径规划，提出“坚持和发展对外合作、坚持和发展自营勘探开发、在南海西部海域建设大气区、打开东海对外开放局面、开拓炼油化工新领域”，奠定了中国海油全海域布局和全产业链发展的战略方向。

围绕市场变革拓新——

1995年，中国海油率先在国内油气行业提出“油气并举，向气倾斜”，向下游开拓；在社会主义市场经济深入探索的宏观背景下，提出资本运营战略、低成本战略、高科技战略的发展构想，以境外上市带动现代企业制度取得突破性进展。

围绕开放战略升级——

2000年—2001年间，中国入世，海油上市。2003年，中国海油在广泛对标基础上第一次明确系统提出“建设国际一流综合型能源公司”战略目标，以开放合作引领国际化发展阔步向前。此后，中国海油结合中国特色社会主义进入新时代宏观背景和能源工业转型发展大势，进一步提出了“建设中国特色国际一流能源公司”发展战略。这一总体战略目标延续至今。

40年时间，8次战略升维，在中国海油战略变迁中清晰看到的是：国有重要能源骨干企业的政治站位和使命担当始终不变；创建一流的远大志向和不懈追求始终不变；对时代脉搏和行业大势的精准把握和积极融入始终不变；对企业战略管理规律的严格遵循和灵活运用始终不变。

“能源的饭碗必须端在自己手里”。年产量从9万吨增长至超过1亿吨，累计供应油气当量超15亿吨，是40年中国海油服务油气增储上产，主责主业聚焦的写照。坚守能源报国主责、保持战略定力，中国海油得以高效汇聚各类资源要素，积蓄发展能量，赢得决心和勇气。

管控刚柔并济

一流管理造就一流企业。一流管理则源自高效管理理念和实践。

海上石油勘探开发高投入、高风险。公司成立初期，资金非常紧张，这就促使公司形成聚焦主业的管理理念。

与西方跨国石油公司展开合作，外方管控集中、运转协调、精简高效的管理运作体系带给中国海油强烈冲击。差距对标自我审视，薄弱之处成了变革之源。

开放合作早期，我国海洋石油企业实行部局两级管理。地区公司勘探开采销售自成一体，相互独立。资金投资分散，制约勘探开发成功率。

1993年7月，中国海油正式确立了“三线分离”的改革思路，将油公司与专业公司、基地系统明确分离，并由总公司掌握油气勘探开发投资决策权，对外合作合同谈判签约权，原油、天然气销售权和有关的劳动人事权。

从销售集中管理入手，总公司统一回收油气销售收入，由此拉动了油气勘探、开发、财务、资金、决策等方面的集中管理。

“财政”大权上缴总部动了部分人的奶酪，自然引来了地区公司的抵触情绪。时任中国海油总经理的王彦下定了“不换脑子就换人”的决心，全力推动管控体系改革。

油气销售收入是当时总公司所需资金的主要来源，而油气销售统一管理较好地解决了资金流动难题。取得预期效果后，中国海油将集中管理延伸至油公司和专业公司，并且较早地实现了预算与投资决策、采办的集中管理。

“管住了资源才能聚焦主业，收紧了下属单位的投资权，也就避免了低效投资、无效投资，避免因盲目投资形成企业新的包袱。这是中国海油一直以来坚守的管控要求。”中国海油总经理、党组副书记李勇说。

伴随中国海上石油工业的全产业链发展和全球海上油气资源的深度开发，中国海油从成立之初一个钻井平台，百十来人工人队伍，发展成为一家主业突出、产业链完整、业务遍及40多个国家和地区的国际能源公司，主业涉及油气勘探开发、专业技术服务、炼化与销售、天然气及发电、金融服务等五大业务板块。

如何让这艘千亿元级航舰行得稳、转头快？在对标世界一流管理提升行动中，中国海油建立“集团总部—业务板块—业务运营单位”三级管控架构，明确总部、业务板块和业务运营单位“三层四中心”的职能定位，实施差异化授权放权，既要放活、又要管好。

源头管控守主业，中国海油提出“鼓励发展+负面清单”模式，集团党组和董事会加强对非主业投资严格审批，杜绝各层级投资冲动和短期行为。“十三五”期间，中国海油总投资近4600亿元，99%以上的资金投向了油气领域，保证了国有资产安全可靠。

授权放活共协同，中国海油规范集团公司16大类83项主要业务审批程序，总部审批事项压缩26%，将68项属于生产经营审批事项分类放权至所属单位。

因企施策，有放有收。近年来，中国海油围绕“1534”总体发展思路，制定发展和退出清单，持续加大在天然气及新能源领域投资，成立国际贸易公司，整合现有各贸易公司，促进资源与贸易有机结合和互相撬动……柔性进退中，中国海油聚焦主业，协同发力。

抠利润

决定油气企业经营效益的因素就是产量、成本和利润。剧烈波动的行业周期中，油气价格难以预测，企业最能掌控的就是成本。迎战不确定性，中国海油把降低成本作为生存与发展的根本出路。

以桶油成本衡量中国海油成本管控力，一组数据证明实力：1998年油价跌破10美元/桶，当年中国海油成本10美元/桶上下，几乎亏损；2020年平均油价35美元/桶，企业当期桶油成本25.72美元/桶，同比下降11.3%，创十年来新低。

成本难降，这是共识。在中国海油，当提质增效降成本成为一种习惯时难题随之而解。

“近年来，中国海油每年年初明确提出压减目标，总量分解到各子企业，企业再进行月度目标分解，从而实现总量目标有效控制。”李勇表示。规划目标指引下，财务、生产和投资“三大计划”协同，科学测算投资、负债、成本、效益等关键指标，从而推动公司生产经营和资产布局不断优化。

仅有总量目标还不够。从上游油气开采的桶油成本到下游吨油加工成本，中国海油将成本管控细化到单位成本，从而最终实现效率目标。

“利用‘桶油成本保持行业领先’理念倒逼合理配置资源，强化‘自由现金流为正’的目标约束，资源安排更加注重经济效益、更加聚焦重点领域和重点区域。”中国海油财务资产部总经理李云贵说。

运行机制是单位成本目标如期实现的内在保障。中国海油召开月度、季度生产经营协调会，分别由总经理、董事长主持。会上，结合各个企业目标完成情况奖优罚劣，刚性约束确保压力层层传导。

长期提质增效、成本压减的极限挑战下，中国海油“年初测算成本总量压减目标，分解细化到各业务板块单位生产成本，按月考核推进”的管理闭环已经形成。先进的管理机制和强大系统合力，保障公司经营业绩稳步提升。

通过连续七年提质增效降本，到2021年中国海油得以实现年降本超110亿元，全员劳动生产率突破360万元/人年，位列央企前列。

油价下行深挖潜，效益好转不放松。尽管2022年国际油价预期颇高，中国海油已经明确定下60亿元降本任务，自我加压打响了一场提质增效硬仗。

防患于未然

身处资金密集和技术密集的高风险、高投入行业，中国海油在对外合作的过程中汲取国际石油公司许多先进的管理经验，尤其是风险的防范和管控，学会在危机中成长。

2002年，美国安然和世通财务丑闻发生后，中国海油全面梳理公司内部风险管控体系和措施制度，以SOX404法案为契机，提出了全面风险管理概念。

2007年，美国次贷危机爆发。在危机冲击波来临前，中国海油半年内将海外所有金融资产基本全部转成人民币，将外国银行存款转换至中资银行。通过一系列风险防范预案，有效规避了美元贬值带来的资金减值，捂紧了“钱袋子”。

为防风险于未然，中国海油不断探索积累，在全球范围内遴选16家大型综合油气公司和制造业公司作为对标对象，分别对风险偏好、管控架构、管理流程、管理工具进行对标分析，逐步建成了“1+3+N”全面风险管理体系。

“1”是健全风控体制机制，搭建全面落实董事会风控职责的组织体系。构建分层分类分等级的风险管理机制，深化以风险管理为导向的内部控制机制。

投资风险是企业经营的最大风险。近年来，中国海油投资额年均达上千亿元，涉及海上油气田开发、石油化工、天然气及发电、新能源和大型技术装备等领域，潜藏着巨大的投资风险。投资决策的科学性、准确性至关重要。

为此，中国海油董事会、管理层、职能部门积极履行风险管理、内控建设和合规管理职责，在管理层下设立法治建设暨内控合规与风险管理委员会，负责统筹推进法治建设、合规管理、风险管理和内控制度体系建设。

“3”是各业务单元、风险管理机构、监督机构组成了风险防控的“三道防线”。

作为一家集团化的跨国石油公司，中国海油各子企业控股情况不同，海外资产分布广。为确保风险管控实现全员参与、全过程控制和全方位监督，第一道防线由各业务单元排查风险，第二道防线由风险管理机构管理及监督风险防控进展，第三道防线由监督机构进行独立监察、审计并报告，健全完善“事前、事中、事后”的全流程风险控制机制。

将风险管理融入业务运营管理，中国海油以“1+3+N”全面风险管理实现了全产业链、全过程风险管控。“得益于有效的全面风险管理，中国海油明确了发展底线，筑起了基业长青的堡垒。”中国海油企业管理部主任徐永昌说。

中篇　放手逐梦

开放合作为中国海洋石油工业发展打开了一扇窗口，从中看到了历史，更看到了未来。

在跟随中借鉴学习，中国海油早期领导人在相继前往加州洛杉矶、英国北海油田考察后，敏锐地发现：由于高风险、高投入的行业特殊性，国际上大石油公司几乎是跨国企业。以埃克森为例，500多家子公司遍布全球100多个国家和地区。

凭借国际化的视野，中国海油主动拓宽开放格局，坚持引进来、走出去并重，企业业务已遍及六大洲40多个国家和地区，海外资产总额超4700亿元人民币，海外油气总净产量达182百万桶油当量。与国际领先企业同台竞技，为技术创新注入了澎湃动力，也带来了产业发展和变革的宽广视野。

并购，为我所用

跨国石油公司崛起之路正是国际化并购之路。但跨国并购犹如一柄双刃剑，为企业带来资源储量的同时也带来了资源运筹的巨大考验。

征战强敌环伺的国际油气市场，中国海油清醒地认识到，运筹国际市场和海外资源的“内功”强了，才得以形成有价值的国际化。“要成为一家国际能源公司，必须学会运筹国际资源，为我所用。”时任中国海油总经理的卫留成如此诠释国际化精要。

以国际资本市场作为“练兵场”，中国海洋石油有限公司（下称中海油）2001年2月在纽约和香港挂牌上市。此举一方面破解了资金瓶颈问题，一方面改变了公司股权结构，实现了投资主体多元化，进而转变了经营机制，企业国际化资源运作能力全面提升。

这一能力在上市后的首个并购中得以体现：2002年1月，中海油收购了西班牙瑞普索公司在印尼油田的部分权益，成为印尼最大的海上石油生产公司，每年可带来净权益下636万立方米油当量。同时，中海油带动相关单位走出去，形成了上游和服务板块一体化发展的良好格局。

一出手，就赢得了满堂彩。在资本与经营能力提升的双重驱动下，中国海油借助全球油价深度下跌带来的难得机遇，在国际资本市场上刮起了并购旋风：2002年8月23日，中海油以3.48亿美元收购澳大利亚西北礁层天然气项目（MNS）的上游产品及储量权益；2002年9月，收购印尼东固液化天然气项目12.5%的权益；2003年3月，从英国石油气集团手中买下里海卡拉干油田8.33%的股权……接二连三以产权介入为主要形式的海外并购中，中国海油在外海探明储量增长的同时，也按照国际油公司模式分散地域风险，进而与国际一流石油公司合作增强企业国际资产运作能力。

国际市场风云莫测，境外并购之路绝非坦途。如，2005年中国海油竞购优尼科虽以失败告终，但毫无疑问这是企业进军世界一流必须历练的本领。经过20多年的海外拓展，中国海油已经基本完成全球资产布局——遍及亚洲、非洲、美洲、欧洲、大洋洲等全球二十多个国家和地区；资源类型包括从陆地、浅水和深水的常规油气，到油砂、页岩油气等非常规油气。

深海雄风

市场竞争力源自科技实力。正因如此，埃克森美孚、英国石油、壳牌、雪佛龙、道达尔全球前五大跨国石油公司均凭借核心科技和自主创新

“利器”，高高筑起市场“护城河”。

从学徒开始引进西方技术，是中国海洋石油工业发展的起点。一路走来，一路求强。透过开放合作这扇窗，中国海油清醒看到自身的差距与不足，在追求自立自强中走出科技创新逆袭之路。

缺人才就大力引进培养。中国海油利用国际国内两种人才资源，做到自主培养开发和引进相结合，着眼于紧缺、急需专业推进柔性引才引智工程，加强与海内外知名研究机构和高校的合作，将创新团队的培养作为高层次科技人才队伍建设的重要内容，创造条件筑巢引凤，吸引优秀人才。

16年前，尚捷从清华大学博士毕业后进入中海油服，开始了随钻测井和旋转导向钻井技术自主创新攻坚之路。10年间，他带领技术团队突破“缺人、缺技术、缺条件、缺资源”的重重困境潜心钻研，最终打破该项技术多年来被西方石油公司垄断的不利局面，稳固了我国在世界钻井技术中的大国地位。

科技攻关没有捷径可走，但理念创新可以另辟蹊径。2006年7月，在当时船型、深水钻井安全、成熟技术专利国内还是一片空白的不利条件下，中国海油坚持引进消化吸收再创新，与美国F&G公司开展合作，开启了我国首座深水特大型半潜式钻井平台“海洋石油981”工程自主研发之路。

磨剑四载，一朝出鞘。2010年，“海洋石油981”顺利出坞，驶向南海海域，实现了超深水钻井平台设计技术、超深水钻井安全控制技术和深海重大装备建造技术的新突破。

向深海挺进的步伐不会停歇，科技自立自强的追求不会止步。当前，全球海上油气勘探开发技术加速向深水深层、高温高压等高端“竞技场”聚集演进，中国海油闯进了科技“无人区”。

聚焦实现高水平科技自立自强，打造原创技术“策源地”和现代产业链“链长”，中国海油已明确将“科技创新强基工程”作为建设中国特色国际一流能源公司的抓手之一。

以高水平科技自立自强支撑引领高质量发展，2021年，中海油研究总院大力推动科研项目“揭榜挂帅”，全面激发科技创新活力；中海石油天津分公司加快科技成果转化应用，大力推动生产模式变革、动力系统变革；中海油服以“研产用一体化”为导向，积极开展科技项目经理负责制试点……创新资源的高效汇聚，汇聚起科技创新的澎湃动力。

2021年6月25日，在海南岛东南陵水海域水深1500米处，我国自营勘探开发的首个深水大气田“深海一号”正式投产。“深海一号”能源站以3项世界级创新，应用13项国内首创技术，攻克10多项行业难题，标志着我国海洋石油勘探开发能力实现从300米深水向1500米超深水的历史性跨越。

“‘十四五’期间，我们将继续以钉钉子精神推动工作落实，确保科研有效投入得到新提升、关键核心技术攻关实现新突破、科研平台体系建设取得新进展、科研成果价值贡献迈上新台阶、科技人才队伍建设得到新加强。”汪东进表示。

强链辟新

单从成立背景来看，专营海上油气勘探开发的中国海油，与中国石油相比上游油气资源规模小，与中国石化相比炼销一体化优势弱。在起步晚、规模小、基础差的不利条件下，中国海油何以形成国际竞争优势、冲出重围?

记者观察发现，中国海油扩大合作开放的资源优势，进行差异化竞争，形成难以复制的“海油模式”。

进军LNG产业蓝海，中国海油领风气之先。20世纪90年代中期，清洁能源在中国尚未得到充分重视。中国海油在研究引进LNG项目技术进程中，从珠三角地区天然气需求的巨大潜力中敏锐地预见到我国天然气市场的巨大潜力。

1995年，中国海油确立“油气并举，向气倾斜”的发展战略。从构想到坚定不移推进落地，中国海油打造全产业链领跑战略，与国际石油公司开展一系列创新性合作，绘就东南沿海LNG大蓝图，成为全球第三大LNG贸易商。

“油气并举，向气倾斜”的战略举措，至今在中国海油增储上产、保障国家能源安全中依旧占据重要地位。

从上游走向中下游，中国海油着重在炼化板块，实现原料、技术和成本管理上创造产品的差异化。如，2000年，中国海油牵手壳牌石油，投资41亿美元打造全球一流石化联合工厂生产。其化工产品80%是国内所没有的，从而开辟出自己的独有市场。

在差异化竞争中创新图强，中国海油很早将新能源产业发展列入业务版块。针对我国煤炭转换效率低、浪费大的问题，启动煤基清洁能源研究，还率先在国内开展液化天然气项目，积极开发海上风电，较早地进入了车用电池项目等其他能源领域……10多年前，在国内油气企业还争相投资发展传统能源之际，中国海油开始密集涉足清洁、绿色、低碳、循环经济领域。

产业培育漫长曲折、存在风险。面对质疑，时任中国海油总经理傅成玉表示：“我国是能源消费大国，节能减排压力大。产业选择符合国家的发展战略，企业就拥有了市场，两者并不矛盾。”

进入新时代，碳达峰碳中和目标正在全球范围内引发新一轮绿色、低碳变革浪潮，为中国海油破壁向新、集聚产业发展新动能提供了宝贵机遇。

积极践行“双碳”发展战略，中国海油碳中和规划已经正式启动实施，绿色低碳发展已被列入中国海油五大发展战略之一。

低碳转型背景下，中国海油正在加速探索“海上风光发电+油气产业”“风光发电+天然气发电”“天然气+氢能发电”等融合发展新模式，积极打造多能互补的综合能源体系，与国内外油气公司、电力企业、专业服务公司和设备制造企业的广泛合作。以“我国深远海风电开发领军者”的特色定位，中国海油勾勒出一条全产业链合作共进的绿色发展曲线。

下篇　变革常新

改革开放是决定当代中国前途命运的关键一招。这一招之所以奏效，就是中国坚定走出了一条中国特色的社会主义市场化道路。

镌刻着“为中国改革开放闯路”的独特使命，中国海油40年一路走来，就是在探索一条中国国有企业的特色市场化之路。

在中国化和国际化的紧密结合中，中国海油敢于向产权制度动刀，建立起产权结构多元的现代企业制度；善于将国企政治优势转化为企业核心竞争力，相继提出“五五一”工程、“双优统一”、“政治优势转化”、“融合深化工程”等重要理念；勇于向国企用人窠臼亮剑，以经济高效的用人政策，以人均创效360万元的海油效率，位居央企前列。

时至今日，面对加快培育世界一流企业和做强做优做大国有企业的艰巨使命，勇当深化国企改革“探路者”的决心更加难能可贵。如何持续破局闯关？中国海油给出的答案是，通过改革不断突围，让改革成为企业的一种常态。

消弭制度鸿沟

身处对外合作的前沿阵地，中国海油的成立就是为了适应国际合作规则，成为独立市场主体。这是国际化的游戏规则带来的客观事实，也是企业探索独立自主、可持续发展必须破解的深层矛盾。

渴望公平参与市场竞争，就要消弭制度的鸿沟。

重组油气资产海外上市，是中国海油建立起“产权清晰、权责明确、政企分开、管理科学”现代企业制度的关键一招。此后，通过采取优势主业先上市带动辅业分布上市的独特方式，中国海油形成了主业子企业系统上市的集团化发展形态。

经过市场化的洗礼和锤炼，中国海油的各个板块受益良多，从“硬”和“软”两方面提高专业公司的能力，带动装备、技术、人员素质、管理水平的全面提升，从而提高对市场的反应能力、控制能力。

稳掌航舵，迎风斩浪，中国海油在国有资产监管体制健全完善的背景下，2012年2月成功召开建设规范董事会工作会议，标志公司完善法人治理结构、全面建设现代制度取得重大进展。

建立完整的公司治理制度体系，授权明确董事会决策界面，推动公司修订内控制度体系，规范总公司重要会议机制……中国海油通过一整套规范高效的董事运作体系，深层次融入全球油气市场的激烈竞争中。

新时期深化国有企业改革，把党的领导融入公司治理各环节，把企业党组织内嵌到公司治理结构之中，为建立完善中国特色现代企业制度指明了方向，提出了要求。

探索中国道路，彰显中国智慧。中国海油凭借先期探索奠定的坚实基础，全面推行“双向进入、交叉任职”领导体制，对设立董事会的二、三级单位全部实行党委书记、董事长“一肩挑”，建立党组与董事会权责边界清单……各治理主体依法行使职权，做到同心同向、同轨同轴，“两个一以贯之”为企业“深改”“快改”奔向世界一流提供了重要的基础支撑。

“红”“蓝”同频共振

2020年9月3日，渤海湾畔党旗飘扬。红、橙、白、深蓝、浅蓝中国海油五色工服扮亮渤海油田誓师大会。在铮铮誓言中，渤海油田瞄准2025年实现油气上产4000万吨奋斗目标，奏响“出征战歌”。

漫漫征途上，中国海油此时正在新一轮低油价寒冬中爬坡过坎。增储上产、降本增效……企业生产经营发展的每一个细微目标，正是基层党组织的攻坚方向、行动所向。

党建引领、同频共振，是国有企业政治的优势所在，也是中国海油锻造高质量党建的攻坚所向。

1982—1992年对外合作起步初期，公司困难重重、步履维艰，公司党组以倡导“永不僵化、敢闯新路”精神为重点，带领广大职工解放思想、苦练内功，推动中国海油在对外开放合作中迅速崛起。步入重组改革时期，中国海油探索走出“发挥优势”与“优快发展”相结合的路子，不断推动公司建立现代企业制度、开启人力资源管理变革与海外发展探索。

2012年至今，紧紧围绕“1534”总体发展思路和建设中国特色国际一流能源公司战略目标落地实施，中国海油党建融合呈现新特点、面临新任务。聚焦基层抓党建，中国海油按照“四同步”“四对接”要求，基层党组织延伸到海上平台、船队、班组，先后成立12个党工委和4个党建领导小组，全系统2502个党组织全部做到“应建尽建”，有效覆盖“最后一海里”。

建强基层促发展，基层队伍战斗力持续提升。2020年，在新冠肺炎疫情防控最吃紧、船体建造最艰难的情况下，“深海一号”超深水大气田开发项目组全体党员第一时间递交请战书，成立党员突击队，带领几千名施工人员昼夜赶工，创下了比国际同类项目提前18个月的中国速度、中国质量。

“坚持党的领导、加强党的建设，是我国国有企业的光荣传统，是国有企业的‘根’和‘魂’，是我国国有企业的独特优势。”在中国海油进军世界一流之路上，将红色党建优势与改革发展蓝海相融合，为企业实现高质量发展注入了强劲动力。

持续三项制度改革

脱胎于计划经济体制下的中国国有企业，在承担经济发展职责的同时，集多种社会职能于一身。大而全、小而全的经营模式下，企业用工人数庞杂、管理粗放、效率效益自然受拖累。

穿新鞋走新路。因开放合作而生的中国海油，在国际化的合作中看到了中国国企的改革方向——用工政策必须经济有效。

以效益指标衡量用工体制，企业职工子弟的“世袭招工”率先被打破。20世纪80年代初，中国海油推行新的用人政策，停止内部招工。“这在当时的国企是开先河的，遇到的阻力非常大。”时任中国海油总经理钟一鸣曾说。

进入90年代，企业大胆学习借鉴“三资”企业、国外企业劳动人事工资管理方式，推行雇员制改革。国企“铁饭碗”制度的打破，使员工观念受到强烈冲击。

扭转观念影响深远。在用人制度方面，中国海油从实行经济有效的用人政策，普遍推行“聘用合同制”，实行岗薪工资制，持续深入的用工制度改革使员工收益真正与效益挂钩。1998年该公司在去年国际油价下跌的情况下，自觉地从上到下每人工资削减10%。

改革因时制宜，因时而进。以用工制度改革持续激发员工活力，在中国海油已成常态。

以新时代中国海油“1534”发展战略内涵来衡量企业用工质量，各级领导班子和干部队伍年龄偏大、专业结构不合理、员工退出力度不够、技术创新创效活力不足等问题，已成为制约公司竞争力提升和高质量发展的重要因素。

深化改革再出发，中国海油牢牢牵住三项制度这一牛鼻子，为干部员工队伍创业创新注入一剂强心针。

为优化领导干部结构，中国海油在公司上下全面推行“两制一契”。此轮改革过后，中层干部“下”的比例达到11.76%，年龄结构从5∶4∶1优化到4∶4∶2（45岁以上∶40岁左右∶35岁以下）。

为简化用工制度，此轮改革对普通员工推行“两个合同”——签订劳动合同和岗位聘任协议，一岗一协议、换岗变协议，严进严出、优胜劣汰。据统计，简化用工制度后，执行岗位合同制的员工比例将达到85%。

科研技术人员、海上员工是支撑海洋石油工业高质量发展的基础力量和关键力量。为激励科研人员创新创效，改革按照科研人员现有岗位基本工资的标准20%增设科研津贴，并重点在油气勘探开发、关键核心技术攻关、产品研发等科研领域分类实施以成果应用为导向的差异化精准激励措施。

这是继2003年之后，中国海油又一次对三项制度进行的一场大刀阔斧的改革，深化国企改革的决心之坚、力度之大可见一斑。

“要深入学习把握习近平总书记关于国有企业改革发展和党的建设的重要论述，做到真改、实改、深改，改出生产力、改出竞争力、改出奋进向上的精气神。”李勇说。

2022年是国企改革三年行动收官之年，中国海油已完成总体任务超90%，一批重点改革任务取得了重大突破，改革红利正在得到释放。破局闯关深改探路，为中国海油加速建设中国特色国际一流能源公司装入了强大引擎。

（本文刊于《国资报告》杂志2022年第3期）

继往开来“二次创业”奋进新征程

——专访中国海油党组书记、董事长汪东进

王倩倩

中国海油40年开放合作创新史，就是一部国有企业服务支撑国家战略、聚焦主业锚定高质量发展的变革奋进史。一路走来，坚守油气主业、服务保障国家能源安全，为中国海油积蓄了赢得市场竞争的宝贵优势，也锁定了企业加快建设中国特色国际一流能源公司发展目标的宏伟蓝图。

当前，全球能源行业在清洁化、低碳化、多元化和智能化转型中经历新一轮变革重塑，传统油气行业挑战日益凸显。践行习近平总书记“四个革命、一个合作”能源安全新战略，服务油气增储上产“七年行动计划”，中国海油瞄准中国特色国际一流能源企业目标，谋划确立了“1534”总体发展思路，大力推进“创新驱动、国际化发展、绿色低碳、市场引领、人才兴企”“五个战略”，充分发挥油气上产主力军、“卡脖子”技术攻关先锋队、国民经济稳增长“压舱石”“稳定器”“三个作用”，扎实推进从常规油气向非常规油气、从传统能源向新能源、从海上向陆上、从传统管理模式向现代化、数字化、智能化的“四个跨越”。在新的历史方向下，中国海油高质量发展标注下了崭新起点。

这是一场改革攻坚，也是一次跃迁升级。紧握历史的接力棒，在进军世界一流企业征程上，中国海油党组书记、董事长汪东进目光坚定：向史而新、继往开来！

40年发展振奋人心

《国资报告》：您如何概括中国海油在40年的沉淀积累中形成的特色的管理体系和制度优势？

汪东进：中国海油伴改革开放而生，伴改革开放而兴。自成立以来，中国海油始终坚持党的领导，率先打破计划经济体制下国有企业的管理体制机制，逐步建立了与国际石油公司接轨、符合市场经济规律又具中国特色的现代化企业管理模式。这一模式特点是，在党的统一领导下，专业化发展、市场化运作、差异化竞争、集团化管理相结合，既有利于中国海洋石油有限公司与技术服务公司按照市场规律运作，按照专业化道路发展，不断增强国际竞争力，又可相互协同，充分发挥集团整体竞争优势，坚定不移做强做优做大国有企业。

《国资报告》：基业长青是世界一流企业的显著特征。中国海油成立40年来保持稳健的发展节奏，成功抵御国际油价周期性波动，实现了经营业绩考核17连“A”，带来的启示是什么？

汪东进：国有企业是国民经济的重要支柱，是我党长期执政和中国特色社会主义制度的经济基础。40年砥砺奋进，40年春华秋实。我们不仅创造了辉煌成就，也收获了宝贵经验与深刻启示。

一是必须在坚持和加强党的全面领导中把牢政治方向，以习近平新时代中国特色社会主义思想为指引，始终听党话、跟党走，确保了各项事业沿着正确方向前进，成为党和国家最可信赖的依靠力量。

二是必须在顺应时代大势中贡献企业价值，始终坚持把发展作为第一要务，努力当好扩大对外开放、保障能源安全、建设海洋强国的“奋斗者”和“答卷人”，为公司不断发展壮大提供了强大动力。

三是必须在追求创新发展中积聚前行动力，始终坚持创新是第一动力，勇闯“无人区”、敢啃“硬骨头”，掌握一大批具有自主知识产权的关键核心技术，为公司高质量发展提供有力支撑。

四是必须在强化市场导向中推动变革转型，以市场为导向强化核心能力建设，与时俱进推动公司战略优化、体制变革和产业转型，支撑保障公司可持续发展。

五是必须在追求稳健经营中实现基业长青，统筹发展和安全，坚持系统观念，以安全合规经营为底线，提升安全水平和运营效率，为公司健康发展行稳致远打下坚实基础。

六是必须在弘扬石油精神中凝聚奋进力量，熔铸以“碧海丹心，能源报国”为内核的海油文化，始终坚持人才是第一资源，着力培养造就各类管理、技术、技能人才，汇聚全体干部员工团结奋斗的磅礴力量。

谱写高质量发展新篇章

《国资报告》：从规律上看，世界一流企业成长历程划分为创业阶段、增长阶段、转型阶段和超越阶段。请您结合中国海油40年来的发展，谈谈如何标记企业当前所处的阶段？

汪东进：习近平总书记指出：“必须理直气壮做强做优做大，实现国有资产保值增值。”中国海油深入贯彻落实习近平总书记的指示批示，矢志不渝迈向中国特色国际一流能源公司。从目前来看，我们应该处于“二次创业”的阶段。

当前，中国海油发展面临的世情、国情、行情发生了重大变化。从国际形势看，当今世界百年未有之大变局正在加速演变，国际环境的不确定性不稳定性明显上升；从能源格局看，积极应对气候变化要求能源行业必须走绿色低碳发展之路，能源结构将逐步从化石能源向非化石能源调整转变；从国内市场环境看，随着国家油气行业市场化改革的深入推进，未来公司将在更加开放的市场环境中参与行业竞争；从行业驱动要素看，新一轮科技革命给各行各业带来深刻变革，能源行业正在加速从传统要素驱动、投资驱动向创新驱动转变。这都需要我们向史而新、继往开来。

《国资报告》：迈向高质量发展新阶段，请您结合中国海油当前面临的内外部挑战，谈谈企业距离建设成为中国特色国际一流能源公司要实现哪些自我超越？

汪东进：尽管外部环境严峻复杂多变，但总体上看中国海油仍处于大有可为的战略机遇期。我们将胸怀“两个大局”，心系“国之大者”，坚定发展信心，保持战略定力，坚持问题导向，着力推动公司核心能力建设跻身国际一流水平。

一是打造一流的产业链集群。积极顺应能源转型大势，在聚焦油气主业基础上加快培育新增长点，努力打造主业突出、产业结构布局合理、一体化协同效应充分发挥的产业链集群。

二是打造一流的科技创新能力。加快突破海洋油气等领域战略性、前瞻性关键核心技术，营造新产品、新技术、新商业模式融合发展的创新生态，以高水平科技自立自强为产业发展赋能。

三是打造一流的市场经营能力。主动适应日趋激烈的竞争环境，用好国际国内两种资源、两个市场，切实提升资源整合能力、管理控制能力、市场营销能力和价值创造能力。

四是打造一流的风险防控能力。持续优化公司产权结构和治理结构，建立与公司发展要求相适应的体制机制、管控模式、制度流程和风控体系，全面夯实基础管理，牢牢守住不发生系统性、颠覆性风险的底线。

五是打造一流的人才队伍。坚持把人才作为第一资源，加强战略性高端人才培育，建强适应公司发展需要、数量充足、结构优化、梯次合理的高素质干部人才队伍，加快建设海洋能源“人才高地”。

六是打造一流的文化软实力。积极倡导开放、包容、共赢的合作理念，践行企业社会责任，强化品牌管理，不断提高公司影响力、知名度和美誉度。

我们要深入开展对标管理，学习先进赶超先进，力争早日在这六个领域实现国际一流，夯实公司高质量可持续发展的坚实基础。

《国资报告》：今年是中国海油成立40周年，党的二十大将召开。新的历史方位下，中国海油如何在新时代再立新功、再创佳绩？

江东进：40年历经风雨砥砺，面对外部环境的世情、国情、行情深刻变化，中国海油坚持以习近平新时代中国特色社会主义思想为指导，深入贯彻落实习近平总书记建设海洋强国、加大国内油气资源勘探开发力度等重要指示批示精神，锚定“1534”总体发展思路，全力以赴抓好“三大工程”“一个行动”实施，奋力开启集团公司“二次创业”新征程，推动中国特色国际一流能源公司建设再上新台阶，在能源报国新征程上创造更大业绩、争取更大荣光。

一是突出政治引领，扎实推进全面从严治党。认真落实党的十九届六中全会精神，坚持把政治建设摆在首位，切实增强“四个意识”，坚定“四个自信”，坚决捍卫“两个确立”，始终做到“两个维护”，永葆“在经济领域为党工作”的政治底色，奋力实现为党分忧、为国尽责、为民奉献的政治追求和政治责任。

二是聚焦主责主业，提升能源安全保障能力。主动对接国家经济社会发展2035年远景目标、积极融入“十四五”经济社会发展规划，进一步突出主责主业，扎实推进增储上产“七年行动计划”，以寻找大中型油气田为目标，持续加大勘探投入力度，突出勘探开发“压舱石”地位，努力实现海洋油气产量再创历史新高，全面提升资源掌控能力和油气供给能力，为把能源的饭碗端得更稳更牢贡献海油力量。

三是加快绿色转型，形成高质量发展新格局。坚决贯彻落实国家“两个确保”工作要求，围绕“力争2028年实现碳达峰、2050年实现碳中和”目标，坚定不移实施绿色发展跨越工程。持续扩大国内天然气产量占比，大力推动实施节能减排，促进企业绿色低碳发展；加快完善新能源产业布局，形成规模化发展态势；加强低碳管理，深入推进绿色制造工程，加快“绿色油田”“绿色工厂”建设，探索发展新能源业务和节能环保产业，增强持续发展能力。

四是强化科技引领，培育高质量新动能。扎实推动产业发展从依靠速度、规模和要素驱动向创新驱动转变，努力向创新型能源公司迈进。围绕油气勘探开发、能源转型、炼油化工、数字化及装备国产化等五大领域实施科技攻关工程；完善创新体制机制，激发创新发展动力，激发广大科技人员创新热情和潜力，加大科研投入力度，进一步加大前瞻基础研究投入。推进数字化转型和智能化发展，努力打造“智能油田、智能工程、智慧工厂”。

五是坚持基础为本，筑牢高质量发展根基。始终牢记习近平总书记关于“发展决不能以牺牲人的生命为代价，这必须作为一条不可逾越的红线”的重要指示，认真落实安全生产专项整治三年行动“巩固提升年”各项任务，推动公司安全管理能力和本质安全水平迈上新台阶。坚持向成本管理要效益，树牢“过紧日子”思想和“一切成本皆可降”的理念，加强全过程精细成本管控，推动经营效益再攀新高。推进合规管理提质升级，切实抓好强内控、防风险、保合规工作，扎实构建防范化解风险长效机制，筑牢公司高质量发展根基。

（本文刊于《国资报告》杂志2022年第3期）

护航中国海油于蓝色国土乘风破浪

——访中国海洋石油集团有限公司党组书记、董事长汪东进

崔哲

中国海洋石油集团有限公司（以下简称“中国海油”）是伴随着我国改革开放大潮诞生和成长起来的中央企业。自1982年成立至今，中国海油实现了从上游到上下游一体化、从浅水到深水超深水、从国内到国际的“三大跨越”，成为油气主业突出、产业链完整、规模实力较强的国际能源公司。在中国海油四十载深耕蓝海的征程中，内部审计发挥“排雷器”和“探照灯”作用，护航企业在改革发展浪潮中乘风破浪，于蓝色国土上创造出令人瞩目的“中国奇迹”。近日，本刊记者走进中国海油，就其内部审计工作采访了党组书记、董事长汪东进。

记者：今年2月15日，正逢中国海油成立40周年。这40年是改革开放的40年，也是中国海油快速发展的40年。请您介绍一下企业在发展中取得的主要成就。

汪东进：中国海油于1982年2月15日挂牌成立，从对外合作起步，在改革开放中壮大，推动我国海洋石油工业走过了极不平凡的40年。40

年峥嵘岁月，40年向海图强。一代又一代海洋石油人丹心向党、至诚报国，始终牢记“在经济领域为党工作”和“我为祖国献石油”的责任使命，在中国蓝色国土上挥洒青春、破浪前行。

这是一心向党、强根固魂的40年。我们推进党的建设与改革发展、生产经营融合深化，构建了“一头两翼”监督工作格局，党建引领保障企业发展的“主引擎”作用更加彰显。

这是能源报国、贡献卓著的40年。我们累计向国家供应油气当量超15亿吨，连续两年国内新增原油产量占全国总增量的80%左右，中央企业保障国家能源安全“主力军”地位更加稳固。

这是奋楫争先、激情创业的40年。我们逐步建立起完整的海洋石油工业体系，公司累计实现利润总额和向国家上缴利税均超过万亿元，中央企业国民经济稳增长“压舱石”作用更加凸显。

这是锐意改革、与时俱进的40年。我们建立起中国特色现代企业制度和治理体系，公司深化国有企业改革“探路者”标识更加鲜明。

这是科技创新、自立自强的40年。我们的关键核心技术攻关不断取得新突破，多次荣获国家科技进步特等奖和一等奖。2021年，我们自主开发建设的“深海一号”能源站成功投产，实现3项世界级创新，攻克12项“卡脖子”装备国产化难题，获评“2021年度国内十大科技新闻”和“2021年度央企十大国之重器”，科技自主创新“尖兵队”力量更加强大。

这是心无旁骛、矢志一流的40年。我们连续17年在国务院国资委中央企业经营业绩考核中获评“A”级，主要经营效益指标位居央企前列，中央企业高质量发展“排头兵”地位更加突出。

我们将抓住今年中国海油成立40周年的契机，总结经验，提炼规律，激励和引导广大海油人奋进新时代、谱写新篇章。2021年6月25日，习近平总书记对中国海油“深海一号”超深水大气田成功投产的重要批示是对全体中国海油人的巨大鼓舞和鞭策。我们将牢记总书记重要嘱托和殷切期望，积极推进公司高质量发展迈上新台阶，以优异成绩迎接党的二十大胜利召开。

记者：2020年，中国海油成立了党组审计委员会。中国海油是如何实现加强党对审计工作的领导与公司治理有机融合的？

汪东进：中国海油党组坚决贯彻党中央及中央审计委员会决策部署和国资委《关于深化中央企业内部审计监督工作的实施意见》文件精神，进一步加强党对审计工作的领导与公司治理有机融合，健全完善审计监督体系。

2019年，中国海油实施了审计体制机制改革，确立了全集团集中统一的管理体制。重组构建集团“总部+二级单位”两级审计架构及总部“一部三中心”，进一步集中全集团审计队伍资源，强化监督效力，对审计监督工作实行统一管理。

2020年，中国海油成立了党组审计委员会，由我担任党组审计委员会主任，下设党组审计委员会办公室，与集团公司审计部合署办公。随后，6家主要所属二级单位成立了党委审计委员会。集团设立了总审计师，并在3家二级单位试点设立总审计师。各级党组（党委）审计委员会坚持“把方向、管大局、促落实”，严把审计工作政治方向，抓住重点领域、关键环节、领导人员经济责任履职等重要内容，研究推进审计重点工作，部署落实审计查出问题整改，发挥内部审计在规范权力运行、加强内部管理、防范风险隐患、常态化“经济体检”等方面的作用。党对内部审计工作的领导体制为集团公司加强内部审计，注入了强大的领导力、权威性。

中国海油党组进一步加强党的领导与公司治理的有机融合。一是认真落实“两个一以贯之”。不断完善党的领导与企业治理充分融合，将党组（党委）研究作为董事会决策重大审计事项的前置程序，党组（党委）前置研究年度审计计划、审计工作报告、审计查出问题整改等重大事项，提交董事会审议，建立内部审计向公司党组和董事会负责的领导体制。二是充分发挥董事会作用。董事会及专业审计委员会定期听取工作汇报并提出要求，加强对审计计划执行、重点工作开展、整改落实等重要事项的指导和管理。三是主要领导抓审计。进一步健全党组（党委）、董事会（或主要负责人）直接领导下的审计监督工作领导体制，不断增强内部审计工作的独立性、有效性。

在党组审计委员会领导下，“大监督”格局稳步推进。中国海油结合公司实际，探索把纪检监察、巡视巡察、审计、监事会等监督工作贯通协同，建立“统一领导、协同合作、资源共享、监管高效”的内部监督协同机制。做好“三个协同、一个加强”，即监督计划协同、监督资源协同、监督整改协同，加强业务管理、内部控制风险和审计监督三道防线密切配合，切实形成监督合力，构建中国海油“大监督”格局，提高监督效率。

记者：政策的生命力在于执行和落实。中国海油是如何通过审计推动党和国家重大政策落实落地的?

汪东进：为进一步强化贯彻执行党和国家重大决策部署的自觉性和主动性，不断增强“四个意识”，坚定“四个自信”，做到“两个维护”，中国海油党组2017年组织开展了贯彻落实党和国家路线方针政策情况专项审计，至今已连续6年列入集团年度重大专项审计项目，形成了贯彻落实党和国家重大政策措施审计常态化机制，并取得了较好的实践效果。中国海油的这一做法和成效入选了中国内部审计协会2021年“内部审计促进组织贯彻落实党和国家重大政策措施典型经验名单”，在中央企业中走在前列。

中国海油不断增强全系统贯彻执行党和国家重大决策部署的自觉性和主动性，聚焦党和国家各项战略部署和政策措施在中国海油有效执行。紧紧围绕党的建设、油气增储上产七年行动、天然气产供储销体系建设、供给侧结构性改革、国有企业深化改革、国资监管、打赢“三大攻坚战”等重要方面进行检查，关注“处僵治困”、亏损企业治理情况，形成了政策梳理、对照自查、审计监督和问题整改闭环管理的政策跟踪审计运行机制，做到重点范围全覆盖。

贯彻落实党和国家路线方针政策情况专项审计促进了党和国家重大决策部署在中国海油的落实落地，成为国家审计的有效补充和延伸。比如，2018年，习近平总书记作出了关于大力提升国内油气勘探开发力度的重要批示。内部审计从2019年开始，每年重点对中国海油落实油气增储上产部署的情况开展跟踪审计。以党和国家关于油气增储上产的相关政策措施为依据，对中国海油制定的各项生产任务和指标完成情况进行详细检查，督促加大油气勘探开发力度。2019、2020、2021年的审计报告均提出了制约油气增储上产的有关内外部影响因素。党组尤为重视，总部部门及各责任单位切实推进整改，通过积极协调相关主管部门、优化油气田开发方案、加强关键技术攻关和实施替代工程等措施，确保了年度增储上产目标超额完成。在过去3年，中国海油国内原油增产量占全国总增量70%左右，其中，2020年、2021年达到80%左右。公司连续两年原油增产量超过300万吨。2021年，中国海油渤海油田建成了我国第一大原油生产基地。

记者：作为全球最大的能源生产国，中国提出力争2030年前实现碳达峰、2060年前实现碳中和以来，“双碳”目标一直备受关注。中国海油内部审计在促进石油产业绿色转型升级方面做了哪些工作？

汪东进：中国海油坚决落实党中央“双碳”战略决策部署，坚定不移推动绿色低碳发展，转型稳健起步，为实现碳达峰碳中和目标贡献了积极力量。积极做好顶层设计，中国海油明确了2028年实现碳达峰、2050年实现碳中和的目标，编制完成绿色发展跨越工程行动方案和碳达峰、碳中和行动方案；大力推进绿色低碳生产，公司的单位二氧化碳排放达到国际石油行业先进水平；实施绿色发展评价和绿色工厂创建，打造具有中国海油特色的油气田、终端、炼厂、电厂、液化天然气接收站、制造基地、建筑和码头等绿色制造体系建设；加快天然气保供及产供储销体系，全力保障国内天然气安全稳定供应。

中国海油内部审计以促进公司绿色低碳发展、助力公司绿色转型升级为目标，通过开展专项审计和经济责任审计，全面深化各级单位和领导干部贯彻落实党和国家“双碳”战略决策和集团公司具体部署落实情况的审计监督。

聚焦公司绿色低碳发展战略加强审计监督。中国海油内部审计以公司战略为导向，把监督检查各级单位贯彻集团公司“1534”总体发展思路和“五个战略”情况、公司战略规划和“三大工程”“一个行动”的执行情况作为重要审计任务，做到集团公司的决策部署到哪里，审计监督就跟进到哪里。内部审计围绕公司绿色低碳战略和绿色能源转型工程，检查集团公司碳达峰碳中和目标设定和指标分解情况及“双碳”工作方案制订情况、建立健全绿色低碳循环发展经济体系及二氧化碳捕集利用与封存（CCUS）项目的落实情况等；聚焦坚决落实打赢污染防治攻坚战部署和天然气保供及产供储销体系建设的措施，检查集团公司和各级单位落实中央企业能源节约与生态环境保护年度工作要点、各年度秋冬季大气污染综合治理攻坚行动方案落实情况，以及天然气基础设施互联互通重点工程推进、天然气储气能力补短板建设、稳定天然气价格落实及签订供气合同、锁定全年及供暖季民生用气保障情况，揭示了液化天然气储气能力建设需要进一步加强等问题，促进公司圆满完成每年秋冬季天然气保供的政治任务和社会责任。

经济责任审计督促企业负责人履职尽责。中国海油按照中办、国办2019年发布的《党政主要领导干部和国有企事业单位主要领导人员经济责任审计规定》，及时修订中国海油《经济责任审计管理办法》，着重检查企业负责人贯彻落实党和国家路线方针政策主体责任的履行情况、执行集团公司打赢污染防治攻坚战、绿色低碳转型和双碳行动方案情况。将生态环境保护情况纳入所属企业负责人经济责任审计内容，检查所属企业按照国家生态环境和自然资源资产保护要求开展生产经营、项目投资的情况，关注企业在落实推进污染防治、发展绿色金融等方面存在的问题，推动渤海油田三年综合治理行动取得了明显成效，促进各级企业加快绿色低碳转型升级的步伐。

记者：整改落实是审计监督的“最后一公里”。中国海油在落实整改、发挥审计监督效力方面，有哪些措施和成效？

汪东进：党的十八大以来，党中央、国务院高度重视审计查出问题的整改，对加强整改工作做出了一系列重要部署。2021年，中央下发了关于建立健全审计查出问题整改长效机制的意见。中国海油高度重视整改工作，构建了较成熟的审计查出问题整改长效机制，扎实开展内外部整改，取得显著成效。

提高政治站位，党组（党委）强力推动整改。集团党组和各单位党委高度重视落实审计署开展经济责任审计查出问题的整改工作，将整改工作作为一项严肃的政治任务抓紧抓实。集团党组书记亲自指导整改，集团上下通过召开党组（党委）会、党组（党委）审计委员会、双周例会等方式，对抓好审计查出问题整改工作做出系统安排和部署，督导重大事项的整改落实。截至2021年年底，审计查出问题的整改完成率达92.5%，建立完善制度111项。

压实整改责任，构建有效工作机制。强化被审计单位、相关职能部门和审计部门三方的审计整改责任，构建各司其职、各负其责的整改工作机制。压实被审计单位审计整改主体责任，主要负责人是整改第一责任人，推动问题全面整改落实；相关职能部门对业务领域内发现审计问题的整改实施监督管理，对体制性障碍、机制性缺陷、制度性漏洞明确监督管理要求，举一反三、标本兼治，建立健全相关体制机制；审计部门加大对审计整改跟踪的督促检查力度，核实各项整改措施和整改效果，建立审计查出问题台账和整改台账，实行对账销号、动态管理，统筹指导推进审计整改工作。

强化源头治理，建立整改协调联动机制。对具有典型性、普遍性的问题，建立上下联动、一体推进的整改机制，做到举一反三，源头治理。如针对企业员工经商办企业并与本单位发生业务往来的问题，除相关单位推动全部持股员工对其持有的关联企业股份进行转让外，中国海油还在全系统全面排查员工持股问题，并在此基础上修订了《关于禁止员工利用中国海油资源谋利的规定》，从制度上杜绝靠企吃企、靠油吃油的隐患。

深化结果运用，落实整改责任追究。强化整改成果利用，将审计查出问题的整改情况作为所属单位约束激励指标，与被审计单位经营业绩考核挂钩，进一步强化审计整改主体责任落实。此外，公司加大审计查出问题的追责问责力度，做到该处理的处理，该追责的追责。

持续开展整改“回头看”，巩固审计整改长效机制。公司注重夯实审计整改实效。一方面，将以往审计查出问题的整改落实情况作为下次审计项目的重要内容，常态化开展整改检查“回头看”工作；另一方面，根据年度审计查出问题的整改落实情况，制订专项审计整改检查工作方案，对审计查出重大问题、屡审屡犯问题开展整改“回头看”专项工作，强化对审计查出问题整改落实的督促检查。

近三年，中国海油内部审计整改率由93%上升至99%，各所属单位以整改倒逼管理效能提升，公司合规运营成效持续显现。在2020年审计署对中国海油原主要领导人员经济责任审计中，未出现一例以往国家审计发现问题未整改到位的情况。

（本文刊于《中国审计》杂志2022年第5期）

国之重器背后的“深蓝”力量

——中国海油助力我国海工装备建造业高质量发展纪实

郭佳泰　孙羽

4月10日至13日，习近平总书记在海南考察时指出，要推动海洋科技实现高水平自立自强，加强原创性、引领性科技攻关，把装备制造牢牢抓在自己手里，努力用我们自己的装备开发油气资源，提高能源自给率，保障国家能源安全。

目前，我国经济已经发展成为高度依赖海洋的外向型经济，对海洋资源、空间的依赖程度大幅提高，发展海洋经济、维护海洋权益的任务和责任也越来越重。海洋工程装备制造业是为海洋资源开发、水上交通提供技术装备的综合性和战略性产业，是国家发展高端装备制造业的重要组成部分，更是我国实施海洋强国战略的基础和重要支撑。近年来，随着我国加快走向深海的步伐，多型高端深海油气装备建成投产，担负着勘探开发海洋油气资源的重要使命，成为我国走向深海的国之重器。

这背后，离不开我国央企“深蓝”力量的大力支撑和保障。作为我国最大海上油气生产商，中国海洋石油集团有限公司自1982年成立以来不断推动我国海洋石油工业快速发展，积极与中国船舶集团有限公司等我国海工装备建造企业合作，持续开展关键技术攻关，提升自主科技创新能力，在海工装备规模、作业能力、竞争力和深海油气装备建造能力等方面实现了跨越式突破。

高端海工装备助力
我国在深水找油找气

深海，是未来全球油气资源的重要接替区。据统计，全球超过70%的油气资源蕴藏在海洋之中，其中44%在深海。2014年8月，我国首个千亿级自营深水大气田——陵水17-2气田横空出世，打开了一扇通往深水油气“宝藏”的大门。装备制造是深海油气开发的关键所在，只有掌握相关装备建造技术，才能真正拥有深海油气开发的主动权。

“十二五”时期，中国海油斥巨资打造“五型六船”深海油气装备，组成我国深水油气资源勘探开发的“联合舰队”，助力我国海洋油气业实现了深海钻探能力从300米到3000米水深的巨大跨越。依托这些高端装备，我国深水油气勘探开发技术也得到了快速提升。以深水钻井技术为例，历经十余年的创新和努力，我国基本掌握了国外石油公司30年累积的常规深水、超深水及深水高温高压整套深水钻探应用技术，一举打破国外垄断，构建了具有我国自主知识产权的深水探井钻井技术体系，我国也跃升成为全球少数能够自主开展深水油气资源勘探开发和生产的国家之一。

在这支“联合舰队”中，“海洋石油981”号是名副其实的“旗舰”。该平台是我国首座自主设计、建造的第六代深水半潜式钻井平台，由中国海油全额投资、中国船舶集团旗下上海外高桥造船有限公司建造，其成功交付打破了国外对深水半潜式钻井平台的技术垄断和市场垄断，拥有的多项国际首创技术也标志着我国海工油气装备的设计、建造能力达到国际先进水平。2012年5月，“海洋石油981”号在南海海域正式开钻，标志着我国海洋油气业挺进深海迈出了实质性步伐。

随后，一系列由我国自主设计建造，担负地球物理勘探、地质勘察、钻井作业、海底铺管、物资保障等职能的深水油气资源勘探开发装备先后投入使用，我国深水油气勘探开发装备能力得到大幅提升。数据显示，目前中国海油已建成各类深水平台船舶66艘，其中1500米作业水深的深海装备有15艘。这些高端海工装备的建成有效带动了我国海工、船舶、机电制造业等诸多行业的产业转型升级。

然而，在“十二五”时期，用于深水油气田开发的生产装备建造仍停留在300米以内水深范围。“十三五”期间，中国海油决定将半潜生产平台等典型深水装备制造技术作为重点发展方向，对关键核心技术持续攻关。

2021年1月14日，我国自主研发建造的全球首座十万吨级深水半潜式生产储油平台——“深海一号”能源站在山东烟台交付启航；同年6月25日，该能源站正式投产，标志着我国从装备技术到勘探开发能力全面实现从300米到1500米超深水的跨越。这验证了我国自主创建的深水油气资源勘探开发生产运维完整技术体系的先进性与可靠性，同时开启了我国正式挺进深海油气开采的新征程。根据中国海油提供的数据，截至2022年2月13日，“深海一号”能源站自2021年6月25日正式投产以来，累计生产天然气超10亿立方米，为粤港澳大湾区和海南自贸港建设提供了重要的清洁能源。

近几年，我国海洋油气资源勘探开发力度逐年加大。据中国海油1月14日发布的《中国海洋能源发展报告2021》的数据，2021年，我国海洋原油产量为5464万吨，同比增量占全国总增量的80%以上。该报告预测，2022年，我国海洋油气产量将不断提升，预计原油产量达到5760万吨，同比上涨约5.4%；海洋工程油气装备利用率优于国际市场，浮式生产储卸装置（FPSO）、三用工作船、平台供应船利用率将高于90%，钻井装备利用率预计达到75%。专家表示，在全球海工油气装备过剩的情况下，我国市场复苏强劲，供需将保持良好状态。

多领域合作推动
我国海工装备制造业转型升级

大型深水装备是建设海洋强国、发展海洋经济的战略利器。这些高端装备的建造，也带动了我国船舶工业的全面发展。当前，随着世界航运市场逐步回暖，全球新船需求显著回升，我国海洋船舶工业也呈现较快增长态势，2021年新承接海船订单、海船完工量和手持海船订单量均在国际市场上保持领先，船舶绿色化、高端化转型加速。在积极投身深海油气资源开发工作的过程中，中国海油还一直与我国海工装备建造企业保持着密切的合作关系。

中国船舶集团是世界第一大造船集团，在海洋装备研制方面拥有强大实力。长期以来，中国海油与中国船舶集团建立了良好的战略合作伙伴关系，拥有良好的合作基础和广阔的合作空间。双方充分发挥在各自领域的优势，在海洋油气勘探开发业务及相关装备、油气运输业务及相关装备、绿色清洁能源拓展、装备科研开发等领域开展了多层次、全方位合作，推出了多型FPSO、液化天然气（LNG）船等，为海洋强国建设等国家重大战略的实施作出了诸多贡献。

当前，面对新冠肺炎疫情和国际油价暴跌带来的严峻挑战，以及日益增大的环保压力，中国海油与中国船舶集团进一步加强交流沟通，签订战略合作协议，积极探索在更多领域开展务实合作。2020年5月29日，中国海油、中国船舶集团与广东省人民政府签署《广东省内河船舶LNG动力改造项目合作框架协议》，计划完成约1500艘LNG适改船舶动力改造，建成并运营19座LNG加注站，全力支持珠江船舶清洁动力改造的工作计划，为广东内河航运升级和生态文明建设增添动力。截至目前，“绿色珠江”工程LNG单一燃料动力船舶两型首制船已顺利交付，各项关键技术实现全面突破。

4月13日，亚洲首例300米级深水导管架“海基一号”成功扎根，这其中也离不开高端海工装备的助力。据悉，整个扎根过程持续了32个小时，采用的是滑移下水的方式，利用导管架自身重力，配合液压千斤顶助推导管架平稳地滑入海中。为保证此次安装成功，项目团队组建了一支由顶级海工船舶组成的船队，其中包括刚于2月完成升级改造的“海洋石油229”号、起重能力达7500吨的起重船“蓝鲸”号、我国首艘3000米级深水铺管起重船“海洋石油201”号，以及我国首艘3000米级多功能海洋工程船“海洋石油286”号，并创新应用“运输监测系统”“下水运动监测系统”，攻克带压注水、水下灌浆等多项技术难关，确保精准安装就位。下一步，中国海油将完成剩余8根钢桩插、打作业，以保证后续组块海上施工顺利进行，为保障项目如期投产贡献力量。

这些高端装备也助力中国海油成为我国践行“一带一路”倡议、参与国际能源合作的先行者。目前，中国海油已有34座各类大型装备，为30多个国家和地区提供油气勘探、钻井、安装、生产服务，足迹遍及北欧、中东、东南亚、远东、非洲、美洲等六大区域，成为“一带一路”上的靓丽名片。

在“增储上产”“加大海上油气开发力度”等政策支持下，中国海油牢牢把握油气上产主线，加快推进产能建设。当前，面对能源绿色转型、保障能源安全，以及实现“双碳”目标等重大需求，中国海油将站在新起点上，持续坚持创新驱动发展，自主研究并攻克深海油气资源勘探开发共性关键技术，深耕高新深海装备的研制与建造，进而真正掌握深海油气资源勘探开发的主动权，为海洋强国建设贡献中国力量。

（本文刊于《中国船舶报》2022年4月22日06版）

蓝海夯歌立潮头

——献给中国海油成立40周年

海尤聲

40年，忠诚为党、不负人民，中国海油历届党组接续传承，团结和带领全体员工，碧海丹心，能源报国，倾心倾力耕耘蓝色国土。

40年，如打开国门后驶出的一艘石油“舢板”，中国海油勇立潮头，蓝海夯歌，在汹涌波涛上绘就建设中国海洋石油工业跨越式发展的新篇章。

40年，中国海油累计与来自21个国家和地区的81家国际石油公司签订228个对外合作石油合同，引进外资超2500亿元，连续参加四届中国国际进口博览会，累计签约额突破400亿美元，持续打造高质量对外开放新高地。

40年，作为海洋油气资源开发的国家队和主力军，中国海油昂首进入“超深水时代”，推动海洋科技实现高水平自立自强，助力加快建设海洋强国，矢志保障国家能源安全。

序篇

“推动海洋科技实现高水平自立自强，加强原创性、引领性科技攻关，把装备制造牢牢抓在自己手里。”2022年4月10日，中共中央总书记、国家主席、中央军委主席习近平连线中国海油“深海一号”作业平台，殷切嘱托。

4月的海南，春意盎然。

忆起那一暖心瞬间，谈及那一激越画面，海洋石油人难掩心中的激动和振奋。在中国海油成立40周年这样一个重要历史时刻，总书记的亲切关怀，给全体海洋石油员工以巨大的鼓舞。

蓝海赤子心，沐浴在2022年的暖阳下，回望40年的来路，恰如一缕海上吹来的春风。1982年2月15日，“中国海洋石油总公司”以跃上潮头的姿态出现在世人面前。

40年时光，中国海油在这片广袤的蓝色国土开拓着勇闯新路、合作双赢的实践，在一座座海上浮城铸就碧海丹心、能源报国的传奇，在一圈又一圈的年轮里，奔跑着“我为祖国献石油”的接力。

——40年来，中国海油油气产量从年产9.5万吨到超亿吨，从首次海气销售0.4亿立方米到天然气年销售686亿立方米。公司发展步伐越来越快，对国家的贡献越来越大。

奋楫争先，挺膺担当，中国海油保障国家能源安全主力军地位昂首挺立。

——40年来，中国海油从仅拥有1艘作业水深100米的钻井船，到运营61座钻井平台，作业水深超3000米，建成了具有中国特色的海洋石油工业体系，勇当实现我国高水平科技自立自强的时代先锋。

进入新时代，特别是2019年以来，国内油气增产连续3年保持同行业第一，连续两年原油增产量占全国总增量的80%左右。

舍我其谁，只争朝夕，中国海油一往无前争做海洋强国开拓者的决心更加坚定。

——40年来，中国海油从天津塘沽、湛江坡头的近海一隅，发展到遍及全国，沿中国海岸线形成海洋油气、海洋化工、海洋工程建造、海洋物流等多个产业集群；从与外国石油公司开展合作勘探开发，发展到油气资产遍及全球六大洲……中国海油正以舍我其谁的使命感、只争朝夕的紧迫感昂首阔步在建设海洋强国的征途上。

敢闯敢试，求新求变，中国海油作为央企全面深化改革创新的先锋队作用持续发挥。

从20世纪80年代破除“大而全”“小而全”，到20世纪90年代完成“三条线”分离改革，再到21世纪初推动油公司和专业公司上市，中国海油建立现代企业制度蹄疾步稳。

进入新时代，中国海油在公司治理结构、产业管控、劳动用工等领域持续深化改革，2021年，在全集团发起了空前的三项制度改革，截至目前所属二级单位领导班子成员均按照“两制一契”模式运行。

巨舰劈波斩浪，始自满帆的启航。

为了当好切实保障国家能源安全、高质量建设海洋强国、高水平扩大对外开放的“奋斗者”和“答卷人”，中国海油有奔竞不息的豪迈，有顽强不屈的坚守，有共克时艰的担当，更有人民至上的情怀。

40年来，作为我国首个“海上特区”和全方位对外开放的“工业特行”，中国海油实现了从浅水到深水、从海上到陆地、从国内到海外的“三大历史性跨越”，创造着新中国工业史上自立自强的奇迹，成为我国改革开放的一面旗帜，是中国特色社会主义在蓝色国土的光辉实践，是新时代中国高质量对外开放的探索者、实践者。

潮平岸阔风帆劲，恰是风华正茂时。

第一篇　劈波者：“海油速度”冲向“中国高度”

挺进深海事关海洋强国之梦。深海梦圆，不仅是我国能源领域发展史上的一座宏伟丰碑，也是海洋石油工业高水平科技自立自强、向深海油气进军的关键落子。

海油人正以“敢为天下先”的豪情，以“端牢能源饭碗”的决心，克服重重困难，突破层层阻碍。无数个激动人心的“新纪录”正在被创造，一幕幕宏伟壮阔的“蓝海传奇”正在徐徐展开。

沿着18000公里海岸线一次次勇敢进发，中国海油向海而生、因海而兴。

面对新时代的蓬勃朝气、新格局的无限生机、新征程的万千气象，中国海油孜孜以求新动能之“新”、新经济之“新”、新时代之“新”，在新的赶考路上坚定前行，矢志做高水平科技自立自强的追梦人、能源报国海洋强国的主力军、央企高质量发展的排头兵。

茫茫九脉流中国，纵横当有凌云笔。中国海油全力以赴推动习近平总书记重要指示批示精神落地落实。

——以实施“三大工程”“一个行动”为抓手，围绕“1534”总体发展思路，做“四个革命、一个合作”能源安全新战略的践行者，做国内油气增储上产的主力军，全力以赴保障国家能源安全。

“坚持陆海统筹，加快建设海洋强国”，这是党中央对历史经验的深刻总结，是着眼现实的深刻洞察，更是面向未来的深刻昭示。

今天，国内原油增产关键在海上，海上原油增产关键在海油，已成为业内共识。

中国海油以不断的变革积累发展优势，以持续的奋斗开启机遇窗口。

截至2022年4月，“深海一号”超深水大气田累产天然气超过14亿立方米。这是迄今为止中国油气开发史上第一个完整的巨型深水项目。

“水深每增加一米，开发难度呈几何倍数增加。”“深海一号”气田开发项目总经理尤学刚说，“没有先例，我们开创先例；没有标准，我们创建标准。”

从300米到600米，再到1500米……海洋石油人将钻头一次次扎进更深更远的蔚蓝大海。保障国家能源安全、推动国民经济稳增长，为中华民族伟大复兴贡献海油力量，由不得凌空蹈虚，中国海油勇挑最重的担子、敢攻最难的堡垒！

数字标注的不只是水深刻度，更是海洋石油人实现高水平科技自立自强必须迈过的一道坎。

习近平总书记说：“关键核心技术是要不来、买不来、讨不来的，只有把关键核心技术掌握在自己手中，才能从根本上保障国家经济安全。”

鼙鼓声声，深水精英尽锐出战：近100名设计工程师在5个月内焚膏继晷，一点一线绘就“钢铁巨擘”；超5000人24小时轮班作业，赶工建造。2020年底，中国海油仅用21个月的时间建成“深海一号”能源站，国际上同等规模及技术要求的项目建造一般工期为33个月，速度、精度创国际同类项目之最。

实现三项世界级首创，攻克十多项行业难题，“深海一号”超深水大气田每年可向粤港琼等地稳定供气30亿立方米，能满足粤港澳大湾区四分之一的民生用气需求。

2021年6月25日，“深海一号”超深水大气田如期投产。挺立南海深处的能源站上空烈焰熊熊燃烧，这是几代中国海洋石油人海洋强国、能源报国雄心壮志的绽放。

党中央对项目建设成就给予肯定。

今年4月10日，习近平总书记连线“深海一号”作业平台，对装备和设施建设以及大气田的运行、管理再次给予肯定，并对中国海油下一步工作提出殷切期望。

这是党中央对中国海油心无旁骛、矢志一流，坚定走中国特色海洋强国之路的高度褒奖！

“深海一号”投产当日，记录中国海洋石油工业历史的《中国海洋石油报》推出其创刊27年来的第一张号外：我国海洋石油工业进入超深水时代！

挺进深海事关海洋强国之梦。深海梦圆，不仅是我国能源领域发展史上的一座宏伟丰碑，也是海洋石油工业高水平科技自立自强、向深海油气进军的关键落子。

夙兴夜寐、披荆斩棘的奋斗，书写在祖国大地的经济脉动中，书写在千家万户的万家灯火中。

从沿海到内陆，从传统能源到新能源，作为清洁能源的供应者、绿色发展的推动者、生态文明建设的践行者，中国海油以碳达峰碳中和目标为指引，奔走在为建设“美丽中国”注入绿色能源的路上。

2021年，随着中国海油首个30万千瓦海上风电项目实现全容量并网发电、首个兆瓦级分布式光伏发电项目成功并网，中国海油正加速迈向新能源赛道。

也是在这一年，江苏LNG一期项目扩建工程——6座27万方超大容量LNG（液化天然气）储罐在江苏盐城滨海港开建。

此次开工的LNG储罐容积为全球最大，且6座同时施工，系国内开先河之举，突显了中国海油在LNG储罐设计建造领域的实力，标志我国超大容积LNG储罐设计及建造技术实现全面突破。

从站上新起点到进入新时代，中国海油把发展放在世界百年未有之大变局下来思考，放在中华民族伟大复兴的大进程中来定位，放在全球能源格局深度调整的大背景下来推进。

光阴故事里，有从无到有的创举，生生不息；岁月长河中，更有百尺竿头的进击，奔腾向前。

为实现LNG储罐设计建造技术的自主化发展，中国海油于2009年组建技术团队，启动LNG储罐技术研究。

“当时国内没有这方面的研究，团队也只有3个人，我们从储罐的桩基计算开始，一步一步来，一定要建成中国自己的LNG储罐。”气电集团总工程师兼技术研发中心主任张超语气坚定，心怀当年面对再多难关也岿然不动的那份信念。

2014年，中国海油打造的中国首个LNG储罐自主技术品牌CGTank（CNOOCGasTank）实现首次工程化应用。自主研发的全球最大容积LNG储罐设计技术，不仅打破国外技术垄断，还实现了从“技术空白”到“技术引领”的跨越式发展。中国海油用十年时间实现了在LNG行业技术领域的跨越，登上中国LNG行业之巅。

大国重器，始得玉成。

40年来，中国海油始终坚持战略引领，着力打造上下游、国内外、产贸融一体化深度协同的现代能源产业链。从跟跑、并跑再到领跑，从传统模式到数字化转型智能化发展，中国海油深入落实创新驱动战略，全力打好关键核心技术攻坚战，坚决扛牢保障国家能源安全职责。

科技创新，我们持续解难题攻难关。勇闯“无人区”，敢啃“硬骨头”。从南海高温高压钻完井，到渤海湾盆地深层大型整装凝析气田勘探，攻深水深层、战高温高压，多项技术创新获得国家科技进步奖。从勘探开发到工程服务，高水平海洋工业体系全面建成，“深海一号”超深水大气田获评全国十大科技新闻和央企十大国之重器；3个项目入选国家能源领域首台（套）重大技术装备示范应用；LNG产业链技术已跻身或接近全球先进水平。

装备制造，我们打造了进军深海的重器。构建完备的海洋石油工业体系，打造完整的“深海利器”装备体系，紧紧围绕核心关键技术开展攻关，掌握全套深水勘探开发技术，成为国家海洋资源开发的排头兵，具备在全球海域3000米水深全方位勘探、开发和生产服务的能力，开启了自营勘探开发深海油气的时代。

智能创效，我们建设了智慧油田、智能工厂。向数字化加速转型，以智能化推动发展。坚持把提速提效作为增储上产的重要保障，国内油气产能建设倍道而进，开发绩效大幅提高，包括“深海一号”在内的多个项目提前投产；“七年行动计划”重大科技专项取得阶段性成果；我国首个海上智能气田群建成投运，全球首艘智能化、锚泊式中深水钻井平台“深蓝探索”投入南海开发；秦皇岛32-6、惠州石化工厂等6个生产数字化示范项目初步建成；原油直接制化学品原创技术DPC专用催化剂实现工业生产；具有海油特色的产贸融结合管控模式已然建立。

人才赋能，我们激发了第一生产力。把创新作为第一动力，把人才作为第一资源。加快打造原创技术“策源地”取得积极进展，2个集团公司重点实验室整装入列，多位专家入选国家高层次科技人才。实施干部人才队伍建设“3+1”工程，积极推进三项制度改革，致力人才兴企，着力建设一支政治强、专业精、结构优、活力足的高素质干部人才队伍，培养高水平、专业化的人才队伍。

这片宏阔的“蓝色国土”，见证着中国海油“闯”与“试”的速度与激情。一批集中体现中国道路海油特色实践的重大标志性成果正在加快形成。

40年栉风沐雨，不辜负党和人民的殷切期望，不辜负能源央企的使命担当，在党中央正确路线的指引下，在集团党组发展战略的引领下，广大海油人正以“敢为天下先”的豪情，以“端牢能源饭碗”的决心，克服重重困难，突破层层阻碍。无数个激动人心的“新纪录”正在被创造，一幕幕宏伟壮阔的“蓝海传奇”正在徐徐展开。

鼓荡豪情扬征棹，且破巨浪乘长风。

第二篇 搏击者:“红色血脉”倾注“蓝色国土”

40年岁月峥嵘，风华正茂的中国海油始终用担当的臂膀托起能源报国的梦想，以生动鲜活的海油实践，展示中国特色社会主义制度的优势、韧性、活力和潜能。

从胸怀全局、绘就宏图的集团党组，到奋勇争先、冲锋在前的党员干部，再到逐梦前行、奋斗实干的每一位员工，他们共同将汗水与泪水融入“蓝色国土”，造就了属于海洋石油工业的企业传奇，也用艰辛努力诠释着这座“海上特区”独特的分量与魅力。

站在改革的新起点上，走在历史的光影中，我们重温奋斗与梦想，也留下追问和思考：站在新的起跑线上，我们能不能进一步夯实国内油气增储上产“基本盘”、牵住科技创新“牛鼻子”、激活产业转型升级“新引擎”、跑出绿色低碳发展“加速度”，决定着中国海油高质量发展的“成色”。

40年来，中国海油始终牢记“在经济领域为党工作”，充分发挥国资央企在国民经济中的“稳定器”“压舱石”作用。海油人以奔涌的红色血脉，满腔的奋斗激情，倾注蔚蓝大海，矢志能源报国。

跋山涉水不阻一往无前，山高路远但见风光无限。

40年岁月峥嵘，风华正茂的中国海油始终用担当的臂膀托起能源报国的梦想，以生动鲜活的海油实践，展示中国特色社会主义制度的优势、韧性、活力和潜能。

渤海，是孕育我国海洋石油工业的摇篮，我国能源事业高质量发展的时代地标。诞生于此的渤海油田，是中国最大海上油田。

壬寅年伊始，一颗孕育50余年的“明珠”在渤海腾空一跃，闪耀“蓝色国土”。

2022年1月9日，中国海油宣布，我国最大海上油田——渤海油田2021年原油产量达到3013.2万吨，成为我国第一大原油生产基地，为海洋石油工业发展史上再添浓墨重彩的一笔。这标志着我国海上油气勘探进入新纪元，海上油气资源开采已成为我国原油开发的重要增长极。

刹那间，这片海域再次汇聚国人的目光，也让还在勘探室伏案绘制图纸的李慧勇热泪盈眶。

他明白，这是渤海油田的一个梦想，是中国海油实现勘探开发“七年行动计划”的重要举措，也是和自己并肩战斗的千千万万海油人内心深处始终坚守“我为祖国献石油”的使命担当。

作为中海油天津分公司渤海石油研究院渤西勘探室党支部书记，今年是李慧勇被派到曾经深陷勘探低谷的渤西探区的第十年。“就算是个冰溜子，我们也要给它焐热！”

千锤百炼的钢最硬，风吹雨打的松最挺。这支年轻的队伍用热血青春，焐热了沉寂十多年的勘探冷区。

20世纪80年代初，渤海油田原油累产只有96.3万吨，40年后的今天，这个数字翻了30倍。

“一个个大油气田的成功发现，与党建和科研的深度融合密不可分。”这是渤西勘探室一路过关斩将的精神密码。

党的百年奋斗历史经验充分表明，办好中国的事情，关键在党，要坚持党的全面领导不动摇，更加紧密地团结在以习近平同志为核心的党中央周围，充分发挥党的领导政治优势，把党的领导落实到中国海油事业的全领域、全方位、各环节，才能不断登攀高峰、勇往直前。30倍的原油产量增长，这是中国海油以高质量党建引领保障高质量发展的生动实践。

中国海油坚定不移“强根固魂”，筑梦深蓝；多措并举强化政治建设，引领广大党员干部笃定信仰信念；聚焦基层抓党建、抓好党建强基层、建强基层促发展，将基层党组织延伸到平台、船队、班组；深化构建“一头两翼”监督工作格局为重点，进一步强化管党治党责任，持续深化不敢腐、不能腐、不想腐一体推进，持续推动全面从严治党向纵深发展。

新时代的征程上，我们留下了一长串勇担使命、坚毅前行的坚实足印。

忠诚践行使命，海油人脚步铿锵。深入开展党史学习教育，扎实推动“我为群众办实事”实践活动，对口帮扶的6个县市全部提前脱贫摘帽，逐步走出了一条具有中国海油特色的帮扶之路。

丹心描摹梦想，海油人意气风发。以“融合深化工程”为载体，推动党建工作从“有形化”向“有效化”转变，创新开展支部达标工作，党建责任制考核再获“A”级。用心用情，在党建引领中凝聚磅礴力量。

向前，海油人信念如磐！

向前，在伟大旗帜的指引下，中国海油发展迈入新时代的快车道！2020年1月16日，近百名中国海油的高级管理人员汇聚北京郊外的会议室，闭门研讨集团公司在百年未有之大变局下发展战略、产业布局、管控模式等重要战略问题和工作思路。

经过两天的密集研讨、交流，中国海油党组书记、董事长汪东进正式提出：

中国海油作为保障国家能源安全的主力军，坚决贯彻落实习近平总书记提出的“四个革命、一个合作”能源安全新战略，并为此制定了“1534”的总体发展思路，即实现一个目标：建设中国特色国际一流能源公司；实施五个战略：创新驱动、国际化发展、绿色低碳、市场引领、人才兴企；发挥三个作用：中国海油要争做推进关键核心技术攻关的先锋队，争做油气上产的主力军，争做国民经济持续健康发展的“稳定器”“压舱石”；推进四个跨越：要实现从常规油气到非常规油气的跨越，从传统能源到新能源的跨越，从海上到陆地的跨越，从传统模式到数字化的跨越。

四海之上，春潮声声，到处都是活跃的创造，到处都涌动着澎湃的浪潮，跃动着勃发的生机。

近年来佳绩频传，中国海油经营业绩创历史同期最佳，油气勘探开发成果丰硕，深海作业能力实现历史性跨越，绿色低碳发展稳健起步，形成了国际一流的成本竞争优势，“两利四率”指标表现优异，成本费用利润率创七年来最好水平，连续17年获得国务院国资委经营业绩考核“A”级。

从栉风沐雨的小渔船到驰骋蓝海的巨轮，红色引擎振聋发聩，声声不息，发展动能强劲有力，源源不断。

如果说从陆到海是一场矢志不渝的逐梦之旅，那么从海到陆则是一次胸怀大局的跨越之战。

多年前，中国海油在山西吕梁临兴首次发现致密气。但气田开发一直徘徊不前。

非常规的资源开发，亟待非常规的思路。

2021年11月29日，一条气贯华北、造福京津冀、我国最长煤层气长输管道——神安管道的主体工程全线贯通。它西起陕西省神木市，北达河北省安平县，管道途经3省7市17县，全长622.98千米，设计输气量50亿立方米/年。

神安管道全线贯通，不仅将成为临兴气田的“生命树”，也将成为带动沿线工业的“能源岛”，对接国家管网管道系统，实现海、陆、储多能互补，为实现“双碳”目标再添海油助力。

从常规油气到非常规油气，从传统能源到新能源，从海上到陆地，这条气贯华北的“绿色动脉”，承担了中国海油新时代“四个跨越”目标中的三项。

随着增储上产的节奏逐渐加快，中国海油由海登陆的脚步正在加速。去年，中联公司在临兴区块的钻前工程进度呈指数增长，累计建成68座井场，钻井237口，进尺50.2万米，规模相当于前5年之和。“十四五”时期，中国海油将加快陆上非常规天然气业务的发展步伐，构建多元化清洁能源供应体系，以更强力度、更实举措助力我国全面实现碳达峰碳中和目标。

穿太行、越黄河，一条能源气脉正跋山涉水，全速推进。进深山、贴黄土，一支又一支队伍前赴后继。奋勇争先，红色的旗帜在吕梁山间迎风飘扬；苦干实干，先锋模范的冲锋号在山谷中回荡，一遍遍向着千沟万壑呼喊着奋进者的力量。

使命与精神，行动与理念，如左右手般共同托举起现在与未来的中国海油。回望筚路蓝缕的40年，始终不变的初心使命、不折不挠的精神力量如同强劲有力的引擎推动发展不断前行。

从胸怀全局、绘就宏图的集团党组，到奋勇争先、冲锋在前的党员干部，再到逐梦前行、聚力勇进的每一位员工，他们共同将汗水与泪水融入“蓝色国土”，造就了海洋石油工业的“传奇”，也用坚韧与执着诠释着这座“海上特区”独特的担当与使命。

40年初心不改，40年使命在肩。

站在新的历史起点上，我们将更加紧密地团结在以习近平同志为核心的党中央周围，激活更旺生命力，凝聚更强战斗力，紧盯国内原油、天然气增储上产新目标，履行“我为祖国献石油”的庄严承诺；扎实推进重点油气产能建设项目，进一步做大油气产量规模，在经济领域为党工作，为国家和人民贡献力量；积极转变开发方式，强化生产组织，为“十四五”实现国内油气上产总目标赢主动、占先机，为国家能源安全提供坚强保障。

勘探大突破、油气强增长、发展大跨步，新的时代，风云再起。

第三篇　弄潮者:“海上特区”矢志“国际一流”

一位外国合作者曾说，中国海油的发展之路，是全球视野下践行中国道路的蓝色范本。

正是对于海洋、对于蓝色能源的执着与梦想，催生了一种新的企业实践、一套新的管理模式、一条新的发展道路，让一家企业的成长蜕变充分融入中华民族的伟大复兴，在日新月异的发展轨迹上镌刻下不朽的传奇。

站在高山之巅回望，更能领略河流奔腾、风光旖旎。

从党的十九大报告提出“加快建设海洋强国”到第十二个“世界海洋日”，习近平总书记提出“蓝色信念”，以习近平同志为核心的党中央高度重视海洋事业发展，高屋建瓴，把建设海洋强国融入“两个一百年”奋斗目标，融入实现中华民族伟大复兴“中国梦”的征程之中。浩渺行无极，扬帆但信风。

一位外国合作者曾说，中国海油的发展之路，是全球视野下践行中国道路的蓝色范本。

如今，中国海油构建了全球化的业务布局，公司海外业务遍及全球40多个国家和地区，跨国指数位居中国石油企业榜首。

40年风雨兼程，中国海油因改革开放而生，因改革开放而兴，从“探路者”到“示范田”，历经40年发展始终激流勇进。时至不惑之年，仍始终展露开拓者的胸怀，发展血液中始终流淌创新的基因。以改革强动力，不断解放思想、打破樊篱、突破禁区，以开放促腾飞，与时俱进、开拓创新、不断超越，在主动融入国家战略中找到历史方位，在贡献经营业绩中不断彰显价值，在展现国有企业现代化形象中创造海油奇迹。

又一个2月来临，时间从未改变前行的脚步。

在首都北京朝阳门车水马龙的路口，一座绿色的圆筒形建筑矗立在外交部的对面。一个，是国家面向世界的窗口；一个，是企业拥抱世界的臂弯。

40年前，一群带着海味、油味、身着中山装的人，把这家国家石油公司的牌子，挂在距离这里几公里的一栋不起眼的小楼身上。如今成为繁华商业区的故址，无言地诉说着40年的艰辛与辉煌。

位于朝阳门中国海油总部大楼一层的中国海洋石油工业展览馆前，一艘巨轮模型蓄势起航。顺着对面望去，一块巨石上苍劲有力地书写着题词——“开发蓝色国土”。

起家，一穷二白却备受瞩目。

40年前的今天，中国海洋石油总公司的成立被视作中国对外开放的一个“重要战略举动”。有人把它比作中国开启国门后驶出的第一艘面向世界的巨轮。

40年来，大海的儿子，汇聚于党的光辉旗帜之下，傲立于改革创新的时代潮头。在他们身上，有着海洋石油事业薪火相传的精神密码，有着海洋石油人共同的血脉基因——

我们坚持“我为祖国献石油”，战海冰、迎巨浪；我们坚信“能源的饭碗必须端在自己手里”，增储上产、奋斗实干；我们坚守“爱国、担当、奋斗、创新”，碧海丹心、能源报国。

正是对于海洋、对于蓝色能源的执着与梦想，催生了一种新的企业实践、一套新的管理模式、一条新的发展道路，让一家企业的成长蜕变充分融入中华民族的伟大复兴，在日新月异的发展轨迹上镌刻下不朽的传奇。

大事业，大格局，大胸怀。在新时代展现新作为，锚定建设中国特色国际一流能源公司的战略目标不动摇，中国海油始终与国家战略发展同频共振，持续描绘海油梦和中国梦的同心圆。

一抹“海油蓝”，赋能京津冀。2014年以来，中国海油不断加强能源发展规划与京津冀总体规划的内部衔接，提升能源安全保障能力，促进京津冀地区经济社会发展。

搭建“能源桥”，连通粤港澳。中国海油全产业链布局，清洁能源直供港澳，逾百家单位驻守大湾区，为解决当地人员就业、技能人才培养、推动行业转型升级等多方面贡献海油力量。

发挥产业优势，注绿长江经济带。中国海油持续深耕天然气领域布局，实施“气化长江”战略，为加快地区产业转型升级，促进长江三角洲区域一体化发展增添蓝色印记。

建设万亿方大气区，助力海南自贸港。从油气勘探开发生产、天然气发电管输销售、炼油化工产销结合到化工化肥量质齐升，中国海油持续优化产业结构和布局，助力海南自贸港建设。

如今，中国海油积极助力构建国内国际双循环新发展格局，认真贯彻落实“四个革命、一个合作”能源安全新战略，紧紧围绕公司“1534”总体发展思路，扎实推进国内油气增储上产“七年行动计划”实施，大幅增加勘探开发投入，持续加大数字化转型力度，着力培育新能源新业态，在更高层次、更广范围和更宽领域深化对外合作，共谋发展之路，共享发展成果。

40年来，紧跟国家发展步伐，勇当改革开放探路者，中国海油成为我国海上对外合作的特区和改革开放的窗口，引领开创了我国石油工业对外合作发展新模式。

春风不负赶路人，时光不负奋斗者。

中国海油，展示着深入贯彻落实能源安全新战略的坚定自信。2021年经营绩效创历史最好水平，上中下游各单位均超额完成利润目标，油气生产高效推进，各个板块齐头并进，上中下游全面开花，大力实施“三大工程”“一个行动”，增储上产再上新台阶，技术攻关实现新突破，绿色发展成果振奋人心，提质增效升级行动推动企业经营效益再攀高。

中国海油，诠释着高水平对外开放的生动实践。作为我国首个“海上特区”和首个全方位对外开放的“工业特行”，海洋石油长期位居我国吸引外资最多的行业之列。高水平的对外开放不仅给公司带来了先进技术、现代经验和专业人才，更为中国特色国际一流能源公司建设提供了强大支撑。

中国海油，积蓄着科技创新的澎湃力量。积极推进数字化转型智能化发展，加快打造原创技术“策源地”，中国海油4项优秀科技成果荣获2020年度国家科学技术奖，大力实施科技创新强基工程，奋力打造核心技术攻关主阵地、高端人才汇集地、科技创新示范区。

中国海油，预示着绿色发展的蓬勃生机。全力抓好油气产业链节能降碳，积极打造“零碳”油气产业链，有序推进新能源产业发展，在建设“美丽中国”的道路上，中国海油将以更大担当、更大作为，为海洋石油工业高质量发展注入更多绿色动能。

40年，几代海洋石油人薪火相传、接续奋斗，开发蓝色国土上的宝贵资源，开创“一带一路”上的双赢典范，勇扛“大国顶梁柱”的使命担当，展现新时代新央企的优质形象。

40岁的中国海油，正向世界亮出属于中国海洋石油工业的亮丽名片。

2022年1月14日，中国海油集团能源经济研究院发布《中国海洋能源发展报告2021》。这个国内首份全面、客观、专业展现我国海洋能源发展现状、特点和趋势的综合性报告，为我国海洋经济和能源高质量发展增添智慧力量。

“中国海油为我们带来有关海洋能源开发的独特见解，这份报告对海洋能源研究作出重要贡献。其中很多内容依据中国海油对海洋能源独有、深入的理解，这是一件非常值得自豪的成果。”IHSMARKIT副董事长丹尼尔·耶金阅读《中国海洋能源发展报告2021》后如是说。创造，是最好的纪念。

从试水到兴涛，从扬波到起浪，相比“两个筒筒”下海找油那段筚路蓝缕的艰辛起步，现在的我们少了资源短缺的无可奈何、资金匮乏的举步维艰，多了深水区的“改革阵痛”、转型期的“发展瓶颈”。

前路，唯有奋楫前行，担当起时代赋予的重任，坚定不移做强做优做大国有企业，加快建设中国特色国际一流能源公司，以“赶考”的清醒和坚定答好新时代考卷。争做更高水平改革开放的开路先锋，才能不负韶华、不负时代。

瀚海春潮起，阔步新征程。

2021年12月的海口，温暖如春。在一次赴基层进行的十九届六中全会精神宣讲中，党组书记、董事长汪东进面向员工抛出问题：

“中国特色现代企业制度特在何处？”

在一片沉思中，他给出了自己的思考和答案——

“中国海油党组提出建设中国特色国际一流能源公司的发展目标、世界前列发展定位正是体现了《中共中央关于党的百年奋斗重大成就和历史经验的决议》中强调建立中国特色现代企业制度要求，中国特色的核心内涵就是把坚持党的领导融入公司治理各环节，把企业党组织内嵌到公司治理结构之中，‘特’就特在国有企业必须胸怀‘两个大局’牢记‘国之大者’，保障国家能源安全；要深刻认识在党的事业全局中的定位，我们作为国有企业，干事创业要有站位，有胸怀，有视野，有格局，这就是心系‘国之大者’，应发挥应有作用。”

做中国道路坚定的探索者、实践者；

做中国梦积极的耕耘者、见证者；

做海洋强国坚实的建设者、能源安全的守护者、对外合作的先行者，改革创新的探路者！

一寸丹心向日明。作为一家矢志能源报国的央企，为时代着色、为国家添彩，新征程上，我们更加需要与时代偕行，更加需要中流击水，更加需要为责任、为梦想不舍昼夜。

“建设海洋强国是实现中华民族伟大复兴的重大战略任务。努力用我们自己的装备开发油气资源，提高能源自给率，保障国家能源安全。”

“建设海洋强国，保障国家能源安全”，是时代赋予中国海油的职责使命和重要课题，也是对中国海油全方位、全覆盖、立体式的重要要求。

牢记总书记嘱托，我们奋进在谱写能源报国海洋强国新篇章的新征程中，奋发在对习近平总书记赋予中国海油新期望的践行中——

全力抓好海洋油气勘探开发，在保障国家能源安全上再立新功、再创新佳绩；

加强关键核心技术攻关，在打造国家战略科技力量上再立新功、再创新佳绩；

持续提高装备国产化水平，在推动我国向制造业强国迈进上再立新功、再创新佳绩；

加大员工关心关爱力度，在做好安全生产和群众工作上再立新功、再创新佳绩。

深耕蓝海重任在肩，勇立潮头方显担当。回溯40年来中国海油继往开来、砥砺奋进的发展之路，正是一代代海洋石油人重重奋发的努力，共同勾画出海洋石油工业自立自强的精彩图景，接力推高着中国海油高质量发展的峰值。

四十年，初心不变，面向红旗，我们永远年轻，永远热泪盈眶；

四十年，熠熠万象，面朝大海，我们永远年轻，永远胸怀激荡！

从头越，再出发！

（本文刊于《中国海洋石油报》2022年04月22日6–8版）

坚持走海洋石油对外合作与独立自主的发展之路

孙羽

方向决定道路，道路决定命运。走自己的路，是党的全部理论和实践立足点，更是党百年奋斗得出的历史结论。

中国海洋石油是保障国家能源安全的重要力量，更是坚持中国道路的生动诠释。作为我国首个“海上特区”和全方位对外开放的“工业特行”，中国海油走出了一条对外合作与独立自主相结合的发展之路，用40年时间走过西方国家海洋石油工业百年历程，实现了“从小到大、从弱到强、从落后时代到走在前列”的历史跨越，它的奋斗成长史，是我国改革开放史和海洋石油工业发展史的生动缩影，更是对改革开放政策的最好印证。

经过几代海洋石油人的努力，这条路已经越走越宽广。

海洋石油工业率先对外开放

我们党在百年奋斗中始终坚持从我国国情出发，探索并形成符合中国实际的正确道路。

1978年初，新中国第一个石油代表团出访美国，在长达25天的行程中，给中国石油代表团留下深刻印象的是海洋石油这个高投入、高科技、高风险产业，欧美等国的海洋石油事业发展之快，早已超出了中国人的想象。中国石油代表团深刻认识到，发展中国海洋石油工业必须走对外开放之路。

同年3月，党中央和国务院召开特别会议，听取中国石油代表团报告赴美考察情况汇报，会议作出重大决策：中国海洋石油工业率先对外开放。十一届三中全会确立的改革开放方针，则进一步确定了我国海洋石油对外合作的主导思想。

这对于当时“一无资金、二无技术、三无装备”，用相对落后的陆地石油勘探技术和管理模式，以“两个桶桶出海”“人拉肩扛”“土法上马”挑战海洋的中国海洋石油工业来说是史无前例和振奋人心的，为海洋石油工业发展指明了前进方向。

海洋石油对外开放是一条前人未走之路。在“摸着石头过河”中，中国在合作领域上，以“物探普查”为先手棋，逐渐向全方位、全海域合作过渡，不断加大对外开放度。

1979年，中方先后与外国公司签订了8个物探协议，有13个国家的48家石油公司参与。在南海、南黄海发现了大批油气构造，为国际招标作出了重要的物质和技术准备。然而仅仅停留在物探普查上，中国依然难以独立开发海上大油气田，更深层次的中外合作势在必行。随着1980年中法、中日分别签署了渤海湾、北部湾石油勘探开发合同，我国海洋石油工业对外合作取得了突破性进展。

在对外合作中，维护国家主权与民族利益，寻求符合中国国情的对外合作模式，对于刚刚走上世界舞台的中国至关重要。中方经过深入调查国际主流石油合同模式，反复研究，出台了适合中国实际的标准合同模式，明确规定中外合作项目在海洋石油勘探阶段由外方独自投资，独自承担勘探风险；在获得有工业价值发现后，再由外方出资49%、中方出资51%进行合作开采。开采过程中，先由外方人员掌握操作权，中方人员参与辅助和学习；在中方人员熟悉和掌握开采技术后，实现操作权由外方向中方转移。从而将对外合作的主导权牢牢掌握在中国人的手中，将美国及西方国家所推行的“租让制”拒于国门之外。

走对外合作与独立自主发展之路

只有找到适合自己条件的发展道路，才能实现自己的发展目标。自1982年成立之初，中国海油就提出走对外合作与独立自主的发展之路。沿着这条路，通过引进、消化、吸收和再创新，让我国落后的海洋石油工业快速实现现代化进程，初步构建了独立完整的海洋石油工业体系，让海洋石油工业成为保障国家能源的重要力量之一。

鞋子合不合脚，自己穿了才知道；道路好不好，自己走了才知道。

渤海湾的埕北油田和南海北部湾的涠洲10-3油田是我国海域最早投入开发建设的中外合作油田，它们一北一南，引领中国海油开启了“海上特区”的发展道路，两个油田为我国培养了大量的现代化海洋石油人才，还通过操作地位的顺利转移，成为中国海洋石油作业队伍“反承包”作业的主战场，在特定的历史时期创建了最佳的合作模式。

深圳，中国改革开放的代名词，总部位于这里的南海东部石油公司是中国海油大规模开展对外合作的先行者。1990年，由中、美、意三国联合开发的惠州21-1油田成为“第一个吃螃蟹的人”，它的投产实现了我国南海东部海域原油生产“零”的突破。紧接着，与挪威合作的陆丰22-1油田、与美国合作的西江油田、与美国（后为英国BP石油公司）合作的流花11-1油田、与美国合作的番禺油田、与日本合作的陆丰13-1油田、与加拿大合作的白云天然气田相继登场。作为对外合作最早、在中国海域最集中的基地，南海东部油田成功实践了中国海油对外合作的双赢理念，成为中国海洋石油工业改革开放的开路先锋。

持续对外合作让南海东部油田的油气产量开始快速增长。直至1996年，南海东部海域年产原油首次超过1000万吨，占当年全国海洋原油产量80%，成为当时继大庆油田、胜利油田、辽河油田之后的全国第四大产油区和中国海油的支柱型油田。可以说，在经历了对外合作的不断洗礼后，中国海油的管理、技术、现代企业制度建设与整体实力得到了持续提升。

但仅仅依靠对外合作是不够的，要想实现赶超，没有属于自己的核心技术、没有与世界接轨的自营发展能力是行不通的。坚持合作与自营并举，让中国海油迅速掌握了海上油气勘探开发的十大配套技术，具备了独立开发中国近海油气田的能力，相继发现了锦州20-2凝析气田和绥中36-1大油田，震惊全球海洋石油行业。一场旨在增强自营能力的技术创新在时代呼唤下“席卷”了中国海油，并在此后40年的漫长岁月里引领海油一次次成功破题，完成了从一个追赶者到同行者再到行业领跑者的成功蜕变。

40年来，中国海油在中国近海累计开发建设145个油气田，供应油气近15亿吨油当量。公司油气年产量从成立之初的9万吨迅速增长至1996年的1000万吨，2010年国内海域建成5000万吨“海上大庆油田”，2015年公司油气总产量首次突破亿吨级并持续保持稳产，过去三年国内原油增产量在全国总增量中的占比达到近八成，增储上产“主力军”地位更加凸显，渤海油田于2021年原油年产量突破3000万吨，成为我国第一大原油生产基地，为保障国家能源安全做出重要贡献。

挺进深海推动海洋石油事业大发展

习近平总书记指出，建设海洋强国必须大力发展海洋高新技术，重点在深水、绿色和安全。

深水是未来全球油气资源的主要接替区和世界大国争夺的重要战略区。全球超过70%的油气资源蕴藏在海洋之中，其中44%来自深水。

中国的深水油气勘探起步比较晚，2004年，中国海油与哈斯基签署南海深水区块的合作勘探合同，揭开了我国深水油气勘探的序幕。当时，我国深水油气勘探的技术装备可谓“一穷二白”，双方合作需要的全部装备及技术管理人员百分百要靠“纯进口”。

要想自主打开深海油气勘探开发的大门，装备制造是关键。只有自主掌握深水装备制造技术，才能真正拥有深水开发的主动权。

2004年起，中国海油开启了深水油气装备的顶层设计，斥巨资打造以“海洋石油981”为旗舰的“五型六船”深水舰队。2012年5月，中国首座自主设计、建造的第六代深水半潜式钻井平台——“海洋石油981”在南海海域正式开钻，标志着中国海洋石油工业挺进深海迈出了实质性的步伐，我国深海钻探能力实现了从300米到3000米水深的巨大跨越。随着一系列由我国自主设计建造的大型深水油气装备投用，中国海油也从40年前仅运营一艘作业水深100米的钻井船，到目前运营61座钻井平台、14艘FPSO，基本形成以“海洋石油981”“海洋石油201”为代表的庞大“深水舰队”，相继攻克了深水、高温、高压等世界级技术难题，形成了一系列具有自主知识产权的深水技术体系，具备了从勘探到开发、从深水到超深水、从南海到极地的全方位作业能力。

就在中国共产党成立100周年前夕，由“海油石油981”钻探发现的我国首个超深水自营大气田——“深海一号”大气田投产，成功实现3项世界级创新、攻克10余项关键核心装备国产化难题，带动了我国造船、钢铁、机电等民族工业的发展，使中国跃升成为全球少数能够自主开展深水油气勘探开发和生产的国家之一，我国也由此正式开启了在深海开采油气的新征程。

"'深海一号'大气田的投产，标志着我国海洋油气开发由此进入世界先进行列，中国海油用四十年时间，走过了西方国家海洋石油工业百年历程"。中国海油党组书记、董事长汪东进表示，公司将以"深海一号"大气田投产为新起点，向更深更远的蔚蓝大海挺进。

回望来时路，中国海油坚持走对外合作与独立自主的发展之路，造就了一个中国工业传奇；迈进新征程，中国海洋石油工业必将在实现第二个百年奋斗目标的新征程上奋力谱写能源报国新篇章！

（本文刊于《中国石油企业》杂志2022年第4期）

“三桶油”会师A股 中国海油总市值超6500亿元

王璐

4月21日，中国海油正式登陆上交所主板，募资金额约为280.8亿元（超额配售选择权行使前），发行价格10.8元/股，开盘后股价瞬间拉涨至15.55元，涨幅44%，达到主板新股上市首日最大涨幅限制。截至收盘，中国海油报13.79元/股，收涨27.69%，总市值为6515亿元。

这意味着，继三大运营商之后，“三桶油”也在A股会师。与中国石油和中国石化相比，中国海油在资产规模和营业收入上存在一定差距，但获利能力较为突出。

作为国内最大的海上油气生产运营商及天然气生产商，也是全球最大的独立油气勘探及生产商之一，中国海油于1999年在香港注册成立，并于2001年在香港联合交易所挂牌上市，截至目前已累计获得超过300个商业发现，现有油气田超240个，年净产量从2000年的88百万桶油当量增至2021年的573百万桶油当量；净证实油气储量从2000年的17.6亿桶油当量增至2021年的57.3亿桶油当量。

中国海油董事长汪东进表示，该公司已经建立了完整的海上油气勘探开发生产技术体系。2021年6月，中国海油自主研发设计、建造和投产的全球首座十万吨级深水半潜式生产储油平台——“深海一号”能源站拥有三项世界首创技术，标志着中国海上油气自主勘探开发实现了向1500米超深水的历史性跨越。

值得注意的是，当前中国海油低碳转型步伐正在加快。一方面，着力提升天然气产量占比，推广岸电工程实施，加大节能减碳新技术应用；另一方面，依托自身海洋资源开发的能力优势，积极探索新能源发展机会，推进海上风电规模化效益化发展，加快海上二氧化碳封存示范项目建设。

根据规划，到2025年，中国海油计划获取500万至1000万千瓦的海上风电资源，实现装机150万千瓦，以及500万千瓦的陆上风电及光伏资源，投产50万至100万千瓦。预计到2025年，中国海油对新能源业务的投入将达到全年资本开支的5%至10%。

在注重业务发展的同时，中国海油在国内外同业公司中保持了成本竞争优势，2019年至2021年毛利率分别为44.52%、37.32%、50.6%。2021年净利润约703亿元人民币，创历史新高。

高油价之下，今年该公司业绩依旧可期。根据上市公告书，中国海油预计2022年一季度实现营收690亿元至830亿元，同比增长32%至58%；归属于母公司股东净利润约为240亿元至280亿元，同比增长62%至89%。

业内人士认为，中国海油的勘探空间与新能源业务的发展值得期待，有望打开更大的盈利空间，这也是诸多战略投资者积极参与的原因之一。

数据显示，自港股上市以来，中国海油已累计分红3542亿港元。公司首席执行官徐可强表示，在A股上市以后，公司将继续保持透明披露，坚持每年发布五次定期信息，继续保持与市场密切沟通，坚持每年组织两次业绩路演，继续保持与投资者分享公司发展红利，坚持每年两次现金分红，切实维护投资者权益。

（本文刊于《经济参考报》2022年04月22日第A03版）

中国海油40年引进外资超2500亿元人民币

安娜

新华社北京2月15日电（记者安娜）记者15日从中国海洋石油集团有限公司获悉，在公司成立40周年之际，中国海油与12家国际公司签署合同和战略合作协议共13项，这是中国海油近年来对外合作中范围最广、成果最多、分量最重的一次集中签约。40年来，中国海油已累计引进外资超2500亿元人民币。

据介绍，此次集中签约是中国海油助力构建“双循环”新发展格局的重要行动，也是更好利用国内国际两个市场、两种资源，助力全球油气行业健康可持续发展的重要手段，涉及勘探开发、油气贸易、炼油化工、技术服务等多个领域。其中，中国海油集团公司与道达尔能源、康菲、智慧石油及洛克石油在中国近海海域共计签署了四项石油勘探开发有关协议，旗下公司还与美国源运公司、科威特国家石油公司、伊拉克国家石油营销组织签订了LNG（液化天然气）、原油等采购协议，总金额约130多亿美元。

1982年2月15日，中国海油在公司成立当天签发了第一轮国际合作招标，吸引了包括壳牌、雪佛龙、英国石油等在内的33家石油公司对25个区块的投标，标志着中国海洋石油工业正式全方位对外开放。40年来，中国海油已与来自21个国家和地区的81家国际石油公司共签订228个对v外合作石油合同。中国海油40年的改革发展史，也是一部与全球合作伙伴风雨同舟、携手并进的对外合作史。

中国海油董事长汪东进说，开展对外合作为公司带来了资源要素、市场机遇和先进经验，中国海油在开放大潮中坚持“引进来”和“走出去”并举，为公司持续高质量发展开辟了广阔空间。同时，中国海油始终坚持合作共赢，为公司持续做强做优做大创造了有利空间。

汪东进表示，下一步，中国海油将继续深化上游油气领域的对外合作，在合作开发我国海上油气资源的同时，进一步加大海外优质油气资源获取力度；继续深化科技创新领域的对外合作，重点围绕深水深层、稠油低渗、高温高压等油气勘探开发领域，以及炼油化工、新材料、LNG等领域开展技术交流与合作；继续深化绿色转型领域的对外合作，聚焦油气全产业链节能降碳、新能源新产业发展等领域加强全面合作。

“深海一号”大气田累计产气超10亿立方米

葛蕾

中国网2月14日讯（记者葛蕾）2月13日，中国海洋石油集团有限公司（简称中国海油）对外宣布，我国首个自营1500米超深水大气田“深海一号”自2021年6月25日正式投产以来，累计生产天然气超10亿立方米，在保供季为粤港澳大湾区和海南自贸港建设提供了重要清洁能源来源。

“深海一号”大气田是我国迄今为止自主发现的平均水深最深、勘探开发难度最大的海上超深水气田，该气田量身定制了全球首座十万吨级深水半潜式生产储油平台——“深海一号”能源站，投产后每年可向粤港琼等地稳定供气30亿立方米，能满足粤港澳大湾区四分之一的民生用气需求。

“深海一号”气田总监袁圆表示，气田成功达产10亿方，验证了我国自主创建的深水油气资源勘探开发生产运维完整技术体系的先进性与可靠性，也标志着中国海油用40年的不懈奋斗让我国进入了深海油气勘探开发先进国家行列。

40年前，我国海洋石油工业一穷二白，无装备、无技术、无资金，最大作业水深仅几十米，年产原油9万吨。1982年2月15日，党中央、国务院批准成立中国海洋石油总公司，推动海洋石油工业实行对外开放，开启了海洋石油工业的新纪元。中国海油牢牢把握历史机遇，以“敢为天下先”的精神，通过“引进、消化、吸收、再创新”，走出了一条中国特色国有企业改革发展道路。几代海油人碧海丹心、能源报国，推动我国海洋石油工业高效高速发展，用40年的时间走过了国际石油公司近百年的发展历程，拥有了亚太地区最强大的海上石油服务装备群，建立了海外装备全球保障资源库和大型海洋工程制造基地，钻井平台数量行业排名全球第一，使我国海洋石油浅水作业能力达到世界一流水平，3000米水深勘探开发生产进入世界先进行列。

袁圆介绍说，“深海一号”能源站生产工艺处理系统的建设规模和流程的复杂程度在世界同类型海上油气处理设施中居于前列，生产区管线长度超过6万米，温度跨度从零下25℃到200℃。气田现场作业团队紧盯气田上下游工况变化，先后攻克深水流动性安全保障、深水启井、乙二醇回收系统自主调试等一系列技术难题，推动气田产量不断攀升。

今年春节期间，“深海一号”，57名海油员工在“深海一号”能源站坚守岗位，根据保供需求高效开展工艺流程调整，维护保障气田油气处理相关设备正常运转，确保“深海一号”气田能24小时不间断地向下游输送清洁能源。

目前，以“深海一号”为重要枢纽，中国海油正积极推动“深海二号”（陵水25-1）等气田的开发，推动南海万亿大气区建设从蓝图变为现实，以更好地满足粤港澳大湾区和海南自贸区（港）日益增长的清洁能源需求。

中国海油党组书记、董事长汪东进表示，中国海油成立四十年来始终牢记“我为祖国献石油”的责任使命，碧海丹心、能源报国，成为保障国家能源安全的“主力军”和国民经济稳增长“压舱石”。40年再出发，中国海油锚定建设中国特色国际一流能源公司战略目标，大力实施“三大工程”和“一个行动”，为保障国家能源安全、绿色低碳转型、助推国民经济稳增长作出更大贡献，努力创造中国海洋石油事业更加美好的未来，以优异成绩迎接党的二十大胜利召开。

我国海洋工程装备技术取得重大突破
深水油气勘探开发实现历史性跨越

迈向“超深水时代”

王珍

能源的饭碗必须端在自己手里。作为重要的能源资源，油气的勘探开发意义重大。

今年的政府工作报告提出，要加快油气等资源勘探开发。作为海洋大国，我国海洋油气资源丰富。从1956年对莺歌海海面上汩汩翻动的油气苗的勘察至今，我国海洋油气勘探开发已经走过60多个年头。根据第三次全国石油资源评价结果，我国海洋石油资源量超240亿吨，约占全国资源总量的23%；海洋天然气资源量超16万亿立方米，约占总量的30%。近年来，海洋原油产量增量已连续三年占全国原油总增量的一半以上。“未来国内原油增长潜力主要来自海上”已经成为业界共识。那么，我国海洋油气勘探开发运用了哪些高科技，取得了哪些突破，如何实现绿色低碳发展？

深海重器勇往直“潜”
——深埋于1500米水深之下的油气进入千家万户

在海南陵水海域，全球首座十万吨级深水半潜式生产储油平台——中国海油“深海一号”能源站，如同一个超大型“巨无霸”傲然矗立于蔚蓝海面。

之所以说它是“巨无霸”，因其“体格”：“深海一号”能源站由上部组块和船体两部分组成，共有24万个零部件，总重量超过5万吨；最大投影面积相当于两个标准足球场；总高度达120米，相当于40层楼高。

可以说，这是名副其实的深海“重”器。

当然，其意义不止于此。“用于开发我国首个自营1500米深水大气田——‘深海一号’（陵水17-2）大气田。”中国工程院院士、中国海油首席科学家谢玉洪介绍说，这是我国深水油气开发和深水海洋工程装备技术的重大突破，标志着我国海洋石油勘探开发能力实现了从300米水深到1500米水深的历史性重大跨越，进入“超深水时代”。

这也意味着，有了“深海一号”能源站，深埋于1500米水深之下地层的油气得以被顺利开采，经分离处理后的天然气可通过海底管道接入全国天然气管网，来到千家万户的灶头。

据业内人士介绍，300米、1500米，通常被认为是浅水与深水、深水与超深水之间的分界线。

我国海洋油气勘探开发主要集中在浅水区，也有流花16-2油田群等位于深水区的油气田。超深水区蕴藏的油气资源也十分丰富，但走向深海的每一步都“难如登天”。水深每增加1米，压力、温度、涌流等情况都会发生剧变。一套安装在水下1500米处的设备设施，受到的压力相当于在指甲盖上站了一个体重300斤的人。

可以想见，超深水油气勘探开发对技术、装备能力、关键设计指标的要求之高。

“‘深海一号’能源站实现了3项世界级创新，采用了13项国内首创技术。”“深海一号”气田开发项目总经理尤学刚告诉记者。中国海油纪检监察组多次调研了解关键核心技术攻关项目进展，推动解决制约项目投产难题。

前不久，“深海一号”交出了自去年6月正式投产以来的成绩单：累计生产天然气超10亿立方米。这在一定程度上验证了我国自主创建的超深水油气资源勘探开发生产运维完整技术体系的先进性与可靠性。

据介绍，“深海一号”所产天然气通过环绕海南岛、连通粤港两地的海底管线，每年可向粤港琼三地稳定供气30亿立方米，可满足粤港澳大湾区四分之一的民生用气需求。

推进数智化转型
——实现海上油田无人化、油藏研究可视化

渤海中北部，秦皇岛32-6油田。

如今，这里的工作人员多了两名新“同事”——无人机和智能机器人。

“无人机主要用于海管海缆巡检、低空运输、监控船舶抛锚、喊话驱离等；智能机器人则能自动识别配电盘仪表状态、实时采集局部放电信息、监测有毒有害气体、代替人工操作各类开关等。”秦皇岛32-6油田CEPI平台总监黄元强告诉记者，这只是该油田进行数智化转型的一个缩影。

秦皇岛32-6油田是一座老油田，也是中国海油渤海油田的“主力”，投产20年累计生产原油超4000万立方米。

在现代信息技术迭代、能源产业变革、企业战略转型驱动下，中国海油加快推动油气田从传统模式向现代化、数字化、智能化转型。

2020年7月，秦皇岛32-6油田的智能化改造启动。

作为我国首个大型海上智能油田建设项目，该油田去年10月完成全流程智能化建造并全面投用。

“主要是基于中国海油统一云平台和数据湖平台，围绕油藏、生产、安全等核心业务，对开发生产过程进行实时监测、预警诊断、主动优化、

远程操控、协同运营和辅助决策，实现一体化智能管控，进而推动生产方式转变和管理流程优化。”秦皇岛32-6作业公司副总经理林杨告诉记者。

据了解，在2个足球场大小的油田生产平台上，装有数以万计的传感、数据采集设备，24小时不间断采集数据，时刻感知油田的“呼吸脉搏”。与此同时，利用大数据、人工智能算法等，对地下油藏、生产井筒、地面流程进行系统性研究。

“可以实现问题预警诊断、主动优化和辅助决策等。”秦皇岛32-6智能油田生产操控中心油藏主管李权介绍，该油田J12H井平均日增油超过200%，便是得益于此。

据介绍，去年10月，秦皇岛32-6智能油田投用不久，油井动态分析模块经数据对比分析，提示J12H井具有换大泵提液措施潜力，预测日增油62.4立方米。

去年11月21日，J12H井完成换泵后启井生产。“通过跟踪发现，这口井平均日增油102立方米，目前日产油146立方米。”李权说。

秦皇岛32-6智能油田的建成，在实现海上油田无人化少人化、油藏研究可视化、生产运营协同化、战略决策科学化方面迈出了关键的一大步，给油田带来了生产效率提升30%、综合减员20%的变化，预计每年可带来3000万元的直接经济效益。

未来，智能油田建设将加快推广。“到2025年，中国海油将完成智能油田框架搭建。到2035年，上游主要业务将全面建成智能油田。”中国海油科技信息部副总经理陈溯表示。

践行绿色发展理念
——实现海上油田钻完井废弃物、生活污水等“零”排放

智能化改造与岸电改造行动同步进行，海底光纤与海底电缆同时铺

设，秦皇岛32-6智能油田的建成，不仅可为海上油田增储上产、降本增效“加油”，也可为我国全面实现“碳达峰、碳中和”目标助力。

习近平总书记强调：“绿色低碳发展，这是潮流趋势，顺之者昌。”作为传统能源企业，有着40年历史的中国海油按照“清洁替代、低碳跨越、绿色发展”三个阶段，积极有序推进绿色低碳发展。

加大清洁能源为油气田供电，就是其中一项重要举措。

2020年初，中国海油启动渤海秦皇岛—曹妃甸油田群岸电改造。应用示范项目成功投产，标志着我国海上油田开发模式发生重大变革，中国海油绿色低碳转型迈出关键一步。项目投产后预计可实现年节能100万吨标煤，减排二氧化碳近175万吨。

秦皇岛32-6智能油田和曹妃甸6-4油田都是首批岸电入海的受益者。

“以往，生产平台通常是搭载燃油或燃气发电主机，而接入岸电则是通过电力组网的方式为油田的生产生活供电，可以加大清洁能源使用。”曹妃甸6-4油田总监马学武告诉记者，与传统发电模式相比，油田接入岸电半年多来，减少原油消耗约1.1万吨，节约能源约1.54万吨标煤，相当于减少二氧化碳排放4万余吨。

作为我国海上“绿色油田”开发的新样板，曹妃甸6-4油田的设计施工始终以绿色发展理念为主导，引入大量高质量国产设备和创新型环保设备。

比如，引入了海上油田再生水收集罐。“可以实现平台生活废水的统一回收再利用，并定期将残渣废物返回陆地进行有效处理。”马学武说。

不仅如此，该油田还完全实现了钻完井废弃物、生产水的回收，进一步缩小火炬的火苗。

渤西作业公司副总经理王国弘表示，随着我国（海上）“绿色油田”“绿色工厂”建设步伐的进一步推进，曹妃甸6-4油田模式将逐渐被推广应用，将助推我国海洋石油工业绿色低碳生产进程，助力京津冀及雄安新区绿色、可持续发展。

据中国海油有关负责人透露，他们还积极推动CCUS（碳捕获、利用与封存）示范项目，在南海恩平油田开展中国首个百万吨碳封存示范工程，推动实现海上负碳技术规模应用；着眼过渡期天然气生产利用，努力打造“绿色产品”……

（本文刊于《中国纪检监察报》2022年03月14日第08版）

科技创新助力

渤海油田成为我国第一大原油生产基地

操秀英

3000万吨原油意味着什么?

这个数字相当于我国原油年产量的1/7;把它开采出来,年均需要488口井钻井同时作业,钻井总进尺112万米,相当于126.6个珠穆朗玛峰的高度;3000万吨投入市场,可以为全国2.9亿辆燃油汽车加1.5次油……

1月9日,中国海油宣布,我国最大海上油田——渤海油田,2021年原油产量达到3013.2万吨,成为我国第一大原油生产基地,原油增量约占全国增量的近50%。

渤海油田始建于1965年,是我国海洋石油工业的发源地,也是中国海油精心培育的产量最高、规模最大、效益最好的主力油田。投产50余年来,已发现探明石油地质储量超44亿吨、天然气地质储量近5000亿方,累计为祖国贡献油气超4.93亿吨,为保障国家能源安全和推动经济社会发展作出重要贡献。

中海油天津分公司勘探总师薛永安介绍说,渤海湾盆地地质构造复杂，就像是一只“金盘子”，掉在地上摔碎了又被踩了几脚，油藏分布十分零散复杂，而且还隔了一层海水，勘探开发难度更高。

为了将这些分散的油藏找出来，渤海油田不断解放思想，陆续应用“立体勘探”“集束勘探”“组合勘探”与“价值勘探”理念，探明储量不断攀升。进入“十三五”后，渤海油田又创新提出“湖盆成气”理论、“汇聚脊”成藏理论，发现了多个亿吨级油气田，为建成我国第一大原油生产基地夯实了储量基础。

中海油天津分公司开发总师赵春明表示，渤海油田不仅油藏分散，且原油黏度大，以稠油油藏为主，要经济有效开发这些“低边稠”油田，难度极大。为此，中国海油自20世纪90年代以来，已连续开展三次“优快钻井”提升行动，使平均钻井周期从57天下降至10天以内，钻井效率提升了6至7倍，为渤海油田的快速发展打通了关键瓶颈。

此后，以优快钻完井技术为代表，渤海油田的储层描述技术、地质数模和建模技术、工程建造技术以及在生产油田综合调整技术等均达到世界先进或国内领先水平。以“丛式井”调整增产为例，针对海上大中型油气田开发井网密度大、碰撞风险高等难题，渤海油田研发形成了海上丛式井组平台位置综合优选及极限井槽分配技术，实现一个平台可以打88口井，让地下井网仿佛在“扫把里面又插了一把扫把”，高精度钻井和安全控制等达到世界先进水平。

“十三五”期间，渤海油田又陆续在地球物理技术、智能分注技术、采油工艺技术、稠油规模热采、岸电、智能油田等新技术应用方面取得重要突破。这些成果标志着我国近海勘探开发技术已达到世界一流水平。

国内原油产量增长看海上，海上原油产量增长看渤海。中海油天津分公司总经理阎洪涛告诉记者：“十四五”期间，渤海油田将高质量推动“七年行动计划”，将渤海油田打造成为集勘探开发一体化、工程建设标准化、油气生产智能化、经营管理精益化的标杆能源基地，努力实现勘探大突破、原油硬增长、天然气大发展，确保2025年实现油气上产4000万吨。

中国海油董事长汪东进表示，中国海油将大力推动“增储上产攻坚工程、科技创新强基工程、绿色发展跨越工程”，持续加大勘探开发投入力度，进一步发挥海上油气增产对于我国油气资源安全稳定供应、降低对外依存度的重要作用，把能源的饭碗牢牢端在自己手里。

（本文刊于《科技日报》2022年01月10日第01版）

后记

在中国海油40年发展历程中，以《人民日报》、新华社、中央电视台、《经济参考报》、《学习时报》为代表的中央主流媒体和《中国能源报》、《中国电力报》、《中国海洋石油报》等行业媒体始终关心关注着中国海油的发展动态，用文字、图片、视频、新媒体等多种形式记录下中国海油的高光时刻，将中国海油40年来生产经营、改革发展的成就及时、准确、生动地报道出去，与中国海油广大干部员工共同见证了中国海油的发展壮大，向外界展现了中国海油良好的企业形象，在宣传报道海洋石油工业、提升中国海油知名度和影响力方面发挥了重要作用。

本书编写过程中，大部分内容都转载自这些媒体，在此对关心关注中国海油发展的媒体表示衷心感谢，他们也是中国海油历史的书写者和记录者。未来，我们一起携手续写中国海油新的发展篇章。